從抽象理論

∞∞

看數學中的具象思維

張遠南，張昶 著

柯尼斯堡問題 莫比烏斯帶 魔術方塊解法 逆向推理思維

24個超具 的

數學理論應

中國古代就發明了類似魔術方塊的玩具「六通」？

「人體三分櫃」的魔術原理竟然很科學？

—— 拓樸學×圓規幾何學×集合論×運籌學 ——

誰說數學太抽象？這些理論都可以很「具體」！

目錄

序……………………………………………………005
一、柯尼斯堡問題的來龍去脈……………007
二、迷宮之「謎」……………………………015
三、橡皮膜上的幾何學………………………023
四、笛卡兒的非凡思考………………………033
五、哈密頓周遊世界的遊戲…………………043
六、奇異的莫比烏斯帶………………………051
七、環面上的染色定理………………………059
八、捏橡皮泥的科學…………………………069
九、有趣的結繩戲法…………………………077
十、拓樸魔術奇觀……………………………085
十一、巧解九連環……………………………093
十二、抽象中的具象…………………………101

目錄

十三、中國古代的魔術方塊 ……………………107

十四、十五子棋的奧祕……………………………113

十五、剪刀下的奇蹟 ………………………………123

十六、圖上運籌論（作業研究）供需 ………133

十七、郵差的苦惱…………………………………141

十八、起源於繪畫的幾何學 ………………………147

十九、傳奇式的數學家彭賽列……………………155

二十、別有趣味的圓規幾何學……………………163

二十一、直尺作圖見智慧…………………………171

二十二、分割圖形的數學…………………………179

二十三、遊戲中的逆向推理 ………………………187

二十四、想像與現實之間的紐帶 …………………193

序

數學最本質的東西是抽象，抽象是人類創造性思維最基本的特徵。在數學領域，假如沒有超脫元素的「具體」，便不會有集合論的誕生；沒有變數與符號的建立，便不可能有更深刻的方程式和函數理論；沒有形與數結合的解析幾何，便沒有微積分的發展；沒有對「具體」的變換，便難以有抽象數學的產生……然而，數學教學並不同於數學研究。數學教學要求把抽象的東西具象化，並透過直觀的具象，來深化抽象的內容。這種抽象中的具象，正是數學教學的真諦！

本書講述的是圖形的故事，作者試圖以此展現抽象與具象之間生動的紐帶。作者並不期望書中做到面面俱到，這是不可能的，而且也沒有必要！作者著書的目的，只是希望激起讀者的興趣，並由此引發他們學習這些知識的欲望。因為作者認定，興趣是最好的老師，一個人對科學的熱愛和獻身，往往是由興趣開始的。然而，人類智慧的傳遞，是一項高超的藝術。從教到學，從學到會，從會到用，從用到創造，這是一連串極為主動、積極的過程。作者在長期實踐中，深感普通教學的局限和不足，希望能透過非教學的方法，嘗試人類智慧的傳遞和接力。

由於作者所知有限，本書中難免存在許多疏漏和錯誤，敬請讀者不吝指正。

但願本書能有助於人類智慧的接力！

張遠南

一、

柯尼斯堡問題的來龍去脈

現今的加里寧格勒，是俄羅斯位於波羅的海東岸的一塊飛地，舊稱柯尼斯堡，是一座歷史名城。在 18、19 世紀，那裡是東普魯士的首府，曾經誕生和培育過許多偉大的人物。著名的哲學家、古典唯心主義的創始人康德（Immanuel Kant），終生沒有離開過柯尼斯堡一步！ 20 世紀最偉大的數學家之一、德國的希爾伯特（David Hilbert），也出生於此地。

柯尼斯堡景緻迷人，碧波蕩漾的普列戈利亞橫貫其境。在河的中心有一座美麗的小島，普列戈利亞的兩條支流環繞其旁，匯成大河，把全城分為 4 個區域（圖 1.1）：島區（A）、東區（B）、南區（C）和北區（D）。著名的柯尼斯堡大學倚傍於兩條支流的旁邊，為這個景色怡人的區域又增添幾分莊重的韻味！有 7 座橋橫跨普列戈利亞及其支流，其中 5 座橋連線河岸和河心島。古往今來，這個別緻的橋群吸引了眾多的遊人來此漫步！

圖 1.1

早在 18 世紀以前，當地居民便熱衷於一個有趣的問題：能不能設計一次散步，使 7 座橋中的每一座都走過一次，而且只走一次。這便是著名的柯尼斯堡七橋問題。這個問題後來變得有點驚心動魄。據說有一隊工兵，因策略上的需求，奉命炸掉這 7 座橋。命令要求，當載著炸藥的卡車駛過某座橋時，就得炸毀這座橋，不得遺漏！

讀者如果有興趣，完全可以照樣子畫一張地圖，親自嘗試一下。不過，要告訴大家的是，想把所有的可能路線都嘗試一遍，是極為困難的！因為可能的路線不少於 5,000 種，想一一嘗試，談何容易！正因為如此，七橋問題的答案便五花八門。有人在屢遭失敗後，傾向於否定滿足條件的答案的存在；另一些人則認為，巧妙的答案是存在的，只是人們尚未發現而已，這在人類智慧所未及的領域，是很常見的事！

七橋問題有強大的魔力，竟然吸引到了天才尤拉（Leonhard Euler，1707 ～ 1783）。這位年輕的瑞士數學家以其獨具的慧眼，看出了這個似乎是趣味幾何問題的潛在意義。

1736 年，29 歲的尤拉向聖彼得堡科學院遞交了一份題為〈柯尼斯堡的七座橋〉的論文。論文的開頭是這樣寫的：

討論長短大小的幾何學分支，一直被人們熱心地研究著。但是還有一個至今幾乎完全沒有探索過的分支，萊布尼茲最先提起過它，稱之為「位置的幾何學」。這個幾何學分支僅僅討論與位置有關的關係，研究位置的性質；它不去考量長短大小，也不牽涉量的計算。但是至今未有令人滿意的定義，來詮釋這個位置幾何學的課題和方法……

接著，尤拉運用他那嫻熟的變換技巧，如圖 1.2 所示，把柯尼斯堡七橋問題變成讀者所熟悉的、簡單的幾何圖形「一筆畫」問題，即能否筆不離紙，一筆連續但又不重複地畫完以下的圖形？

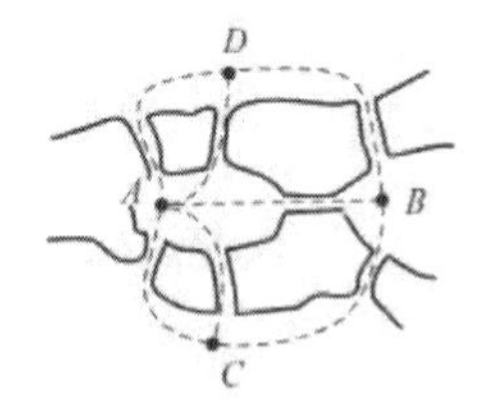

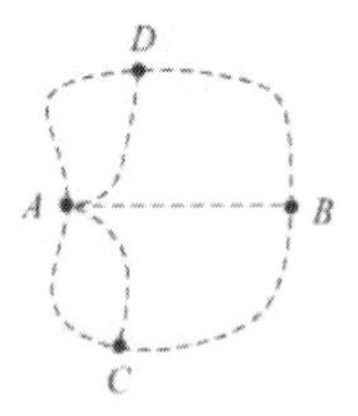

圖 1.2

讀者不難發現：圖 1.3 中的點 A、B、C、D，相當於七橋問題中的 4 塊區域；而圖中的弧線，則相當於連線各區域的橋。

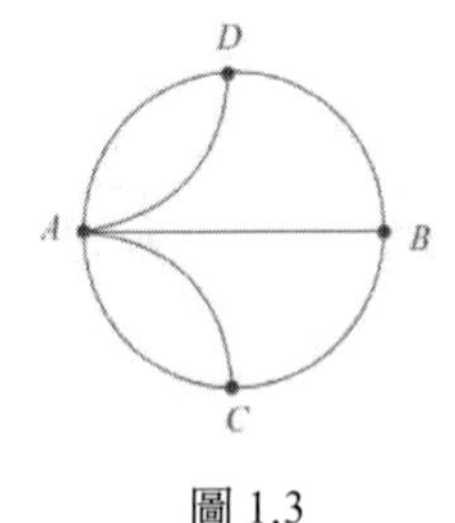

圖 1.3

聰明的尤拉正是在上述圖形的基礎上，經過悉心研究，確立了著名的「一筆畫原理」，從而成功地解決了柯尼斯堡七橋問題。不過，想弄清楚尤拉的特有思路，我們還得從「網路」的連通性說起。

所謂網路，是指某些由點和線組成的圖形，網路中的弧線都有兩個端點，而且互不相交。如果對一個網路中的任意兩點，都可以在網路中找到某條弧線，把它們連線起來，那麼，這樣的網路就被認為是連通的。連通的網路簡稱脈絡。

顯然，在圖 1.4 中，圖（a）不是網路，因為它僅有的一條弧線只有一個端點；圖（b）也不是網路，因為它中間的兩條弧線相交，而交點卻非頂點；圖（c）雖是網路，但卻不是連通的。而七橋問題的圖形，則不僅是網路，而且是脈絡！

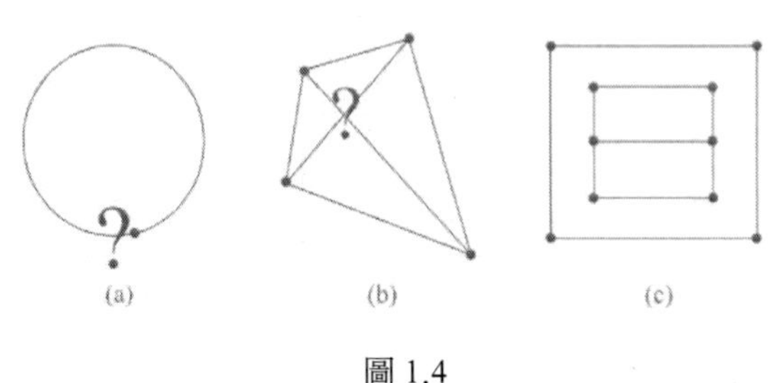

圖 1.4

在網路中，如果有奇數條的弧線交會於某一點，這樣的點稱為奇點；反之，稱為偶點。

尤拉注意到，對一個可以用「一筆畫」畫出的網路，首先必須是連通的；其次，對網路中的某個點，如果不是起筆點或停筆點，那麼它若有一條弧線進筆，必有另一條弧線出筆，也就是說，交會於這樣點的弧線，必定成雙成對，這樣的點是偶點！如圖 1.5 所示。

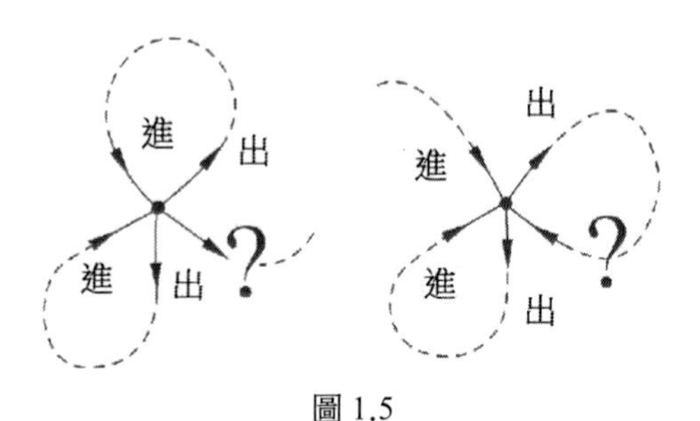

圖 1.5

上述分析顯示：網路中的奇點，只能作為起筆點或停筆點。然而，一個可以用一筆畫畫成的圖形，其起筆點與停筆點的個數，要麼為 0，要麼為 2。於是，尤拉得出了以下著名的「一筆畫原理」：

能用一筆畫畫成的網路必須是連通的，而且奇點個數或為 0，或為 2。當奇點個數為 0 時，全部弧線可以排成閉路。

現在讀者看到，七橋問題的奇點個數為 4（圖 1.6）。因而，要找到一條經過 7 座橋，但每座橋只走一次的路線是不可能的！

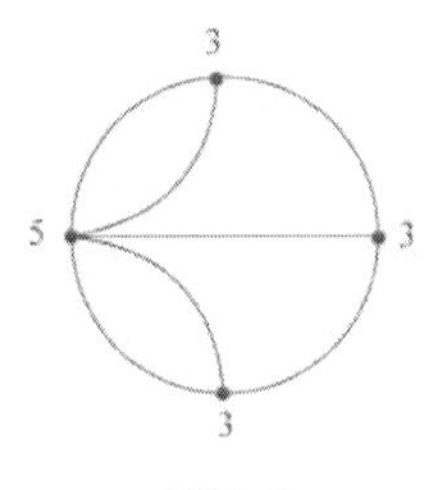

圖 1.6

想不到轟動一時的柯尼斯堡七橋問題，竟然與孩子們的遊戲，想用一筆畫畫出「串」字和「田」字這類問題一樣，而後者並不比前者更為簡單！

圖 1.7

圖 1.7 畫的兩隻動物，都可以用一筆畫完成。它們的奇點個數分別為 0 和 2。這兩張圖選自《智力世界》一刊，也算是一種別有趣味的例子吧！

既然可由一筆畫畫成的脈絡，其奇點個數應不多於兩個，那麼，用兩筆畫或多筆畫能夠畫成的脈絡，其奇點個數應有怎樣的限制呢？我想，聰明的讀者完全能自行回答這個問題。倒是反過來的提問，需要認真思考一番，即若一個連通網路的奇點個數為 0 或 2，是不是一定可以用一筆畫畫成？這裡不妨告訴讀者，結論是肯定的！ 一般來說，我們有：

含有 2n（n ＞ 0）個奇點的脈絡，需要 n 筆畫畫成。

二、

迷宮之「謎」

唐朝貞觀年間，國勢強盛，四海昇平。

貞觀十四年（640 年），吐蕃國國王松贊干布派使臣到長安，向當時的皇帝唐太宗請求聯姻。唐太宗是個十分精明的人，他認為漢、藏聯姻對睦鄰友好、邊疆安定是件好事，但不能答應得太痛快，必須考一考輔佐吐蕃國國王的使臣，於是便出了幾道難題，要求使者回答。沒想到使者對所提問題對答如流，使唐太宗深感滿意，於是進入最後一場測試。

一天晚上，唐太宗在宮中宴請使臣，並在宴後突然提出要求，要使臣自行出宮。而此時此刻的皇宮是經過特殊布置的，四處道路曲折迂迴！唐太宗想看看吐蕃國王的使臣，在酒醉的情況下，是否仍然頭腦清晰，能擺脫眼下四處碰壁的困境。

不料使臣聰明過人，他在進宮時，便已留心觀察四周環境，做了記號。出宮時，他居然未經多大周折，便順利走出宮門！

吐蕃國的使臣最終以自己的才智，贏得了唐太宗的信賴，並答應把美麗而賢慧的文成公主嫁給吐蕃國國王。

在這個故事中，唐太宗的最後一道試題，實際上是一種迷宮題。古往今來，迷宮被很多人所津津樂道，能走出迷宮，被視為聰明和智慧的象徵！

在《三國演義》中有一段描寫，大意是，東吳大將陸遜被諸葛亮的八卦陣困於江邊，但見陣內怪石嵯峨，槎枒似劍，橫沙立土，重疊如山，無路可出。書中將八卦陣實在寫得神乎其神！想來那也不過是一種用巨石壘成的迷宮罷了。

國外的迷宮更是常見，如圖 2.1 所示。其中，圖（a）是南非出土的祖魯族人的迷宮，宛如人的指紋。圖（b）是希臘克里特島出土的貨幣，幣上的迷宮清晰可辨！圖（c）是義大利出土的酒瓶迷宮，圖案古樸優美，看起來別有一番情趣。圖（d）是在龐貝城遺址發現的。龐貝城曾是古羅馬相當繁榮的城市，約建於西元前 7 世紀。西元 79 年 8 月，鄰近的維蘇威火山爆發，致使全城慘遭淹沒。自 18 世紀中葉起，考古學家開始斷斷續續地發掘龐貝城遺跡，使火山灰下的龐貝城得以重見天日！圖（d）的迷宮就是在發掘中發現的。

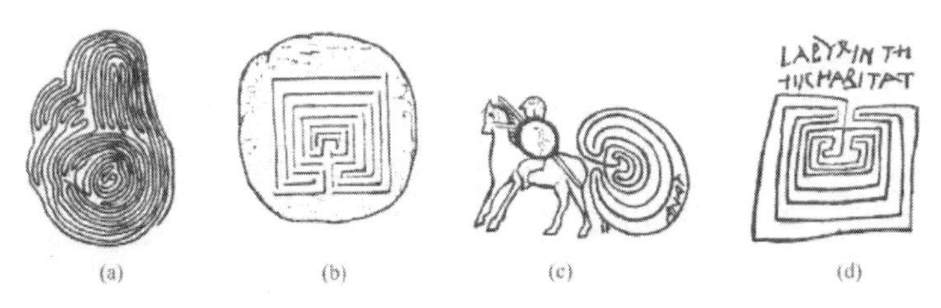

圖 2.1

圖 2.2 是英國倫敦的漢普頓宮（Hampton court）迷陣實圖。

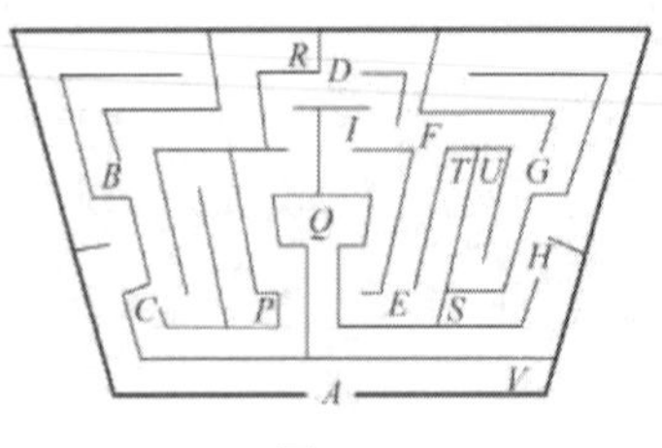

圖 2.2

圖中 A 為進出口，黑線表示籬笆，白的空隙表示通路。迷陣的中央 Q 處有兩根高柱，柱下備有椅子，可供遊人休息。讀者可別以為這個迷陣並不複雜，倘若讓你身臨其境，也難免會東西碰壁，左右受阻，陷於迷茫之中！

那麼，迷宮之「謎」的謎底何在呢？讓我們仍舉漢普頓宮迷陣為例。如同〈一、柯尼斯堡問題的來龍去脈〉中七橋問題那樣，我們把該迷陣中所有的通路都用弧線來表示，便能得到如圖 2.3 那樣的脈絡。

現在的問題是，如何從 A 點出發走到迷宮的中心 Q 點？或從 Q 點回到入口處 A 點？只是，從 A 點到 Q 點的通路並不像圖 2.3 那麼筆直，實際上是彎彎曲曲、回回轉轉的。走的時候，稍不小心便會進入死胡同，或者在某區域打轉，甚至走回頭路！

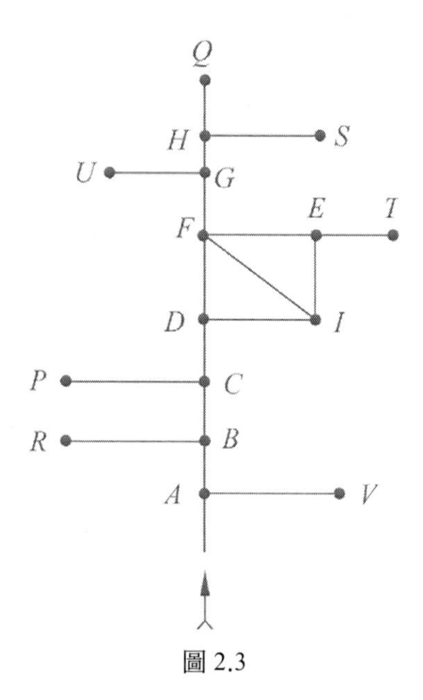

圖 2.3

不過，有一種情況似乎例外，即迷宮的網路可以由「一筆畫」繪製。這時只要不走重複的路，就一定能順利走出迷宮！這無疑等於解決了迷宮問題。然而，倘若迷宮真如上述那樣，其本身也就失去了「迷」的含義。

現實的迷宮往往要複雜很多。以漢普頓宮迷陣為例，它的脈絡中，除 F 點外，幾乎全是奇點。因而，不要說一筆畫，即使五筆畫、六筆畫，也難以繪製整個脈絡！

然而，我們並沒有因此而束手無策，因為任何一個脈絡都可以透過在奇點間新增弧線的方法，使它變成一筆畫的圖形。這是由於在奇點間新增一條弧線，可以一下子使脈絡的奇點個數減少兩個！

圖 2.4 是把漢普頓宮迷陣脈絡的奇點兩兩連線，所得新脈絡的奇點已經只剩兩個，因而可以用一筆畫畫出。

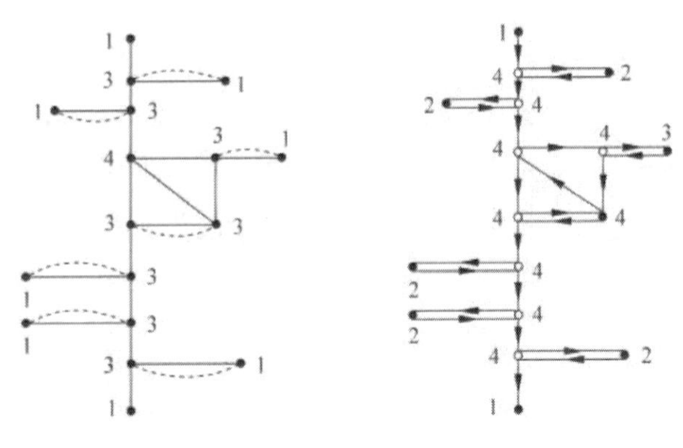

圖 2.4

上述方法顯示：想走出迷宮，只需在分岔口做記號，並對某些路線做必要的重複。這樣，縱然我們多走了些路，卻能穩當地走出迷宮！由此可猜想，當初聰明的吐蕃國使臣，大概就是這麼做的！

最後還須補充一點，即網路的奇點必定成雙！這是圖論中最早的一個定理，也是由尤拉發現的。

證明奇點成雙很簡單：我們可以設想如同圖 2.5 所示，拆掉原來網路中的某條弧線。這樣一來，要麼奇點增加兩個，偶點減少兩個；要麼偶點增加兩個，奇點減少兩個；要麼奇偶點不增也不減。除此之外，別無其他可能！所有上述情況，網路奇點數目的奇偶性都不會改變。如此這般，我們可以把網路中的弧線一條又一條地拆掉，直至最後只剩下一條弧線為止。這時奇點數目明顯為 2，從而可推出原網路的奇點數目一定為偶數。

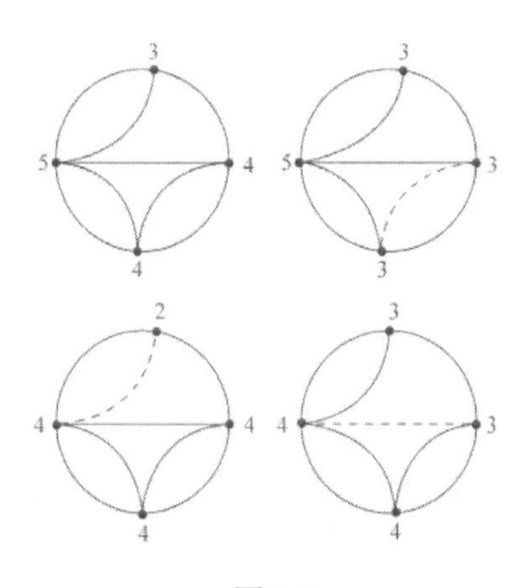

圖 2.5

上述證明很容易使人想起以下這個有趣的魔術遊戲。

你轉過身，請人隨心所欲地把平放在桌面上的硬幣一對一對地翻轉，然後再請他用手蓋住其中的一枚。接著你轉過身來，看看桌上其他硬幣，便可立即準確地說出他手下硬幣的正面是朝上還是朝下！

這似乎有點神奇。其實，只要你一開始就把桌面上的硬幣中，正面朝上的數目的奇偶性記住，那麼，當其他人一對對翻動硬幣時，這種數目的奇偶性是不會改變的。因此，在你轉過身時，只要重新數一下有多少枚硬幣的正面朝上，便能準確地斷定出那人手下硬幣正面的朝向。

對喜歡代數的讀者，了解一下這個最早的圖論定理的代數證明，是不無裨益的。

令 α 為網路的弧線數，n 為頂點數，α_k 為有 k 條分支的頂點數。注意到每條弧線都有兩個端點，於是有

$$2\alpha - \alpha_1 + 2\alpha_2 + 3\alpha_3 + \cdots k\alpha_k + \cdots$$

上式右端顯然是一個偶數。現將其減去另一個偶數

$$2(\alpha_2 + \alpha_3) + 4(\alpha_4 + \alpha_5) + 6(\alpha_6 + \alpha_7) + \cdots$$

必得又一個偶數

$$\alpha_1 + \alpha_3 + \alpha_5 + \alpha_7 + \cdots$$

這恰是所有奇點的數目，從而證明了網路的奇點個數必然成雙！

三、

橡皮膜上的幾何學

在〈一、柯尼斯堡問題的來龍去脈〉中，讀者已經看到一種只研究圖形各部分位置的相對次序，而不考量它們尺寸大小的新幾何學。萊布尼茲（Gottfried Wilhelm Leibniz，1646 ～ 1716）和尤拉為這種「位置幾何學」的發展奠定了基礎。如今，這個新的幾何學已經發展成一門重要的數學分支 —— 拓樸學。

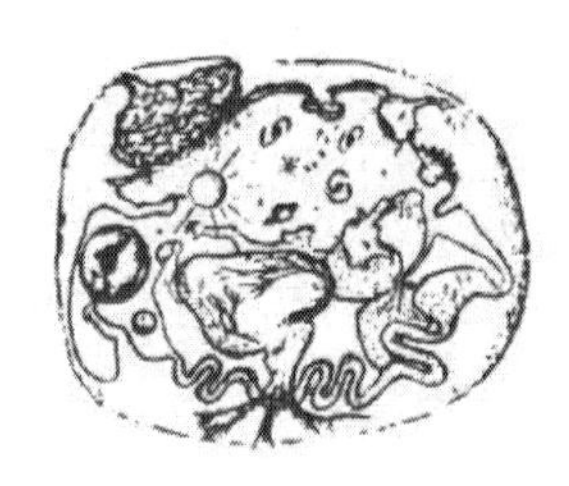

圖 3.1

拓樸學研究的課題是極為有趣的。諸如左手戴的手套，能否在空間掉轉位置後，變成右手戴的手套？一條輪胎，能否從裡面朝外面，把它翻轉過來？是否存在只有一個面的紙張？一個有耳的茶杯與救生圈或花瓶比較，與哪一種更相似些？諸如此類，都屬於拓樸學研究的範疇。許多難以置信的事情，在拓樸學中，似乎都有可能！圖 3.1 是一幅超現實的圖畫，畫的是一個人在地上走，並抬頭仰望天空。不過，這裡已經用拓樸學變換的方法，把宇宙翻轉了過來。圖中的地球、太陽和星星，都被擠到人體內一個狹窄的環形通道裡，四周則是人體內部器官。該圖選自美國著名物理學家喬治·伽莫夫（George Gamov，1904 ～ 1968）教授的科普著作《從一到無限大：科學中的事實與臆測》（*One Two Three...Infinity: Facts and Speculations of Science*）一書。

在拓樸學中，人們感興趣的只是圖形的位置，而不是它的大小。有人把拓樸學說成是橡皮膜上的幾何學，這種說法是很恰當的。因為，橡皮膜上的圖形隨著橡皮膜的拉動，其長度、曲直、面積等都將發生變化。此時談論「有多長？」「有多大？」之類的問題，是毫無意義的！如圖 3.2 所示。

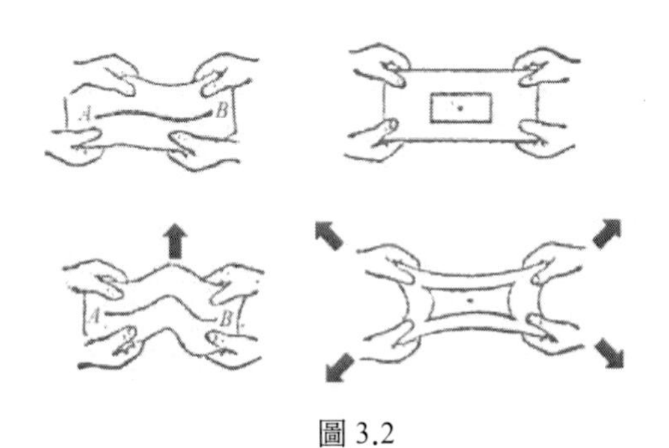

圖 3.2

不過，在橡皮膜上的幾何學裡也有一些圖形的性質保持不變。例如，點變化後仍然是點，線變化後依舊為線，相交的圖形絕不因橡皮膜的拉伸和彎曲而變得不相交！拓樸學正是研究諸如此類的，使圖形在橡皮膜上保持不變性質的幾何學。

一條頭尾相連且自身不相交的封閉曲線，把橡皮膜分成兩個部分。如果我們把其中有限的部分稱為閉曲線的「內部」，那麼另一部分便是閉曲線的「外部」。從閉曲線的內部走到閉曲線的外部，不可能不通過該閉曲線。因此，無論你怎樣拉扯橡皮膜，只要不切割、不撕裂、不摺疊、不穿孔，那麼閉曲線的內部和外部總是保持不變的！

「內部」和「外部」，是拓樸學中很重要的一組概念。下面這個有趣的故事，將增加你對這兩個概念的理解。

傳說古波斯穆罕默德的繼承人哈里發，有一位才貌雙全的女兒。女孩的智慧和美貌，使許多聰明英俊的年輕人為之傾倒，致使求婚者的車馬絡繹不絕。哈里發決定從中挑選一位才智超群的年輕人為婿，於是便出了一道題目，並宣告，誰能解出這道題，便將女兒嫁給誰！

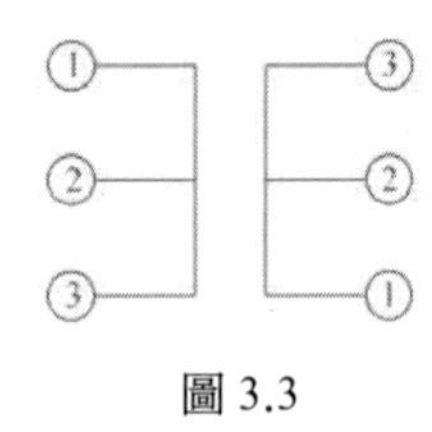

圖 3.3

哈里發的題目是這樣的：請用線把圖 3.3 中寫有相同數字的小圓圈連線起來，但所連的線不許相交。

這個問題的解答，看起來似乎不費吹灰之力，但實際上求婚者們全都乘興而來，敗興而去！據說後來哈里發最終發現自己所提的問題是不可能實現的，因而改換了題目。也有人說，哈里發固執己見，美麗的公主因此終生未嫁！事情究竟如何，現在自然無從查證。不過，哈里發的失算，卻可以用拓樸學的知識加以證明，其所需的概念，只有「內部」與「外部」兩個。

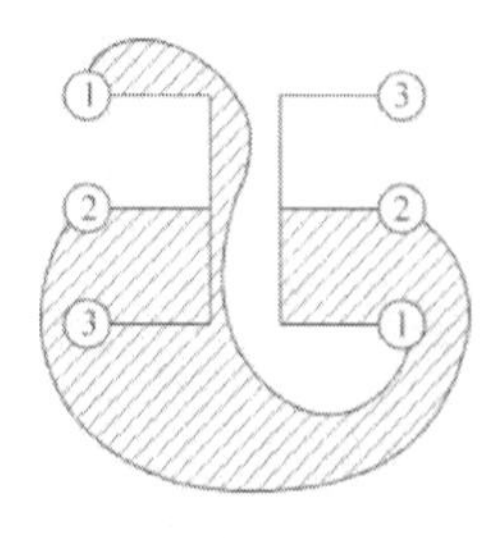

圖 3.4

事實上，如圖 3.4 所示，我們很容易用線把①和①、②和②連起來。聰明的讀者可能已經發現，我們得到了一條簡單的閉曲線，這條閉曲線把整個平面分為內部（陰影部分）和外部（空白部分）兩個區域。其中一個③在內部區域，而另一個③卻在外部區域。想從閉曲線內部的

③畫一條弧線，與外部的③相連，而與已畫的閉曲線不相交，這是不可能的！ 這正是哈里發失誤之所在。

其他類似的問題是，有三棟房子、一個鴿棚、一口井和一個草堆，要從每棟房子各引 3 條路到鴿棚、井和草堆，使得這樣的 9 條路沒有一條和另一條相交叉，如圖 3.5 所示。我想讀者完全可以運用內部和外部的概念，證明這樣做是不可能的！

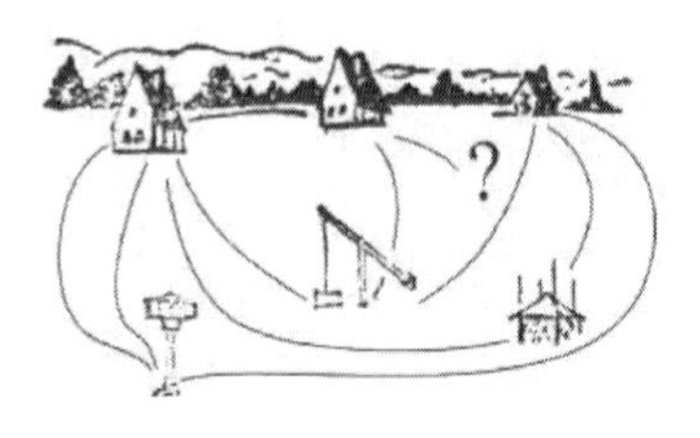

圖 3.5

判定一個圖形的內部和外部，並不總能一目了然。有時一些圖形像迷宮一樣彎彎曲曲，令人眼花撩亂。這時應該怎樣判定圖形的內部和外部呢？ 19 世紀中葉，法國數學家若爾當（C. Jordan，1838 ～ 1921）提出了一個精妙絕倫的方法，即在圖形外找一點，與需要判定的區域內的某個點連成線段，如果該線段與封閉曲線相交的次數為奇數，則所判定區域為「內部」，否則為「外部」（圖 3.6）。其間的奧妙，聰明的讀者不難領會出來。

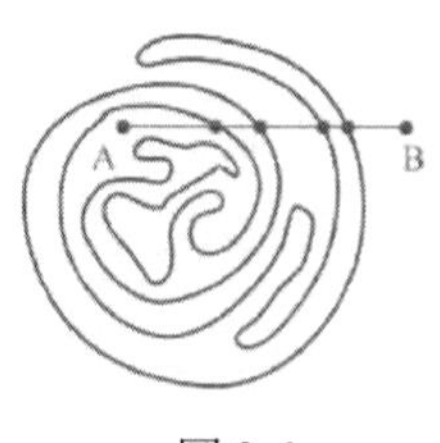

圖 3.6

在橡皮膜上的幾何學中，有一個極為重要的公式，這個公式以尤拉的名字命名，是尤拉於 1750 年證得的。尤拉公式的表述是，對一個平面脈絡，脈絡的頂點數 V、弧線數 E 和區域數 F，三者之間有如下關係：

$$V + F - E = 2$$

讀者不妨用一些簡單的圖形去驗證尤拉公式，以加深對它的理解。例如，圖 3.7 所示的脈絡，容易算出 $V = 8$，$F = 8$，$E = 14$，而 $V + F - E = 8 + 8 - 14 = 2$。

尤拉公式的證明，與〈二、迷宮之「謎」〉中的「奇點成雙」定理的證明相似，如圖 3.8 所示。事實上，對一個脈絡，當拆掉某條區域周界的弧線之後，所得的新脈絡的頂點數 V'、區域數 F' 和弧線數 E'，與原脈絡的頂點數 V、區域數 F 和弧線數 E 之間，有如下關係：

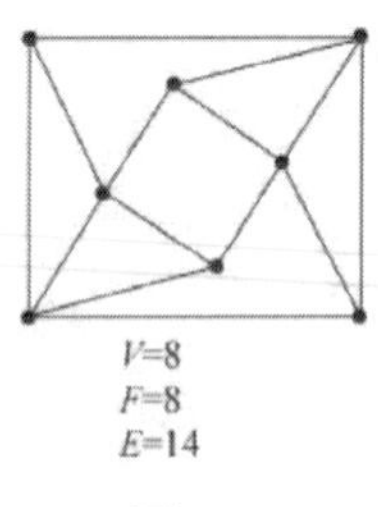

圖 3.7

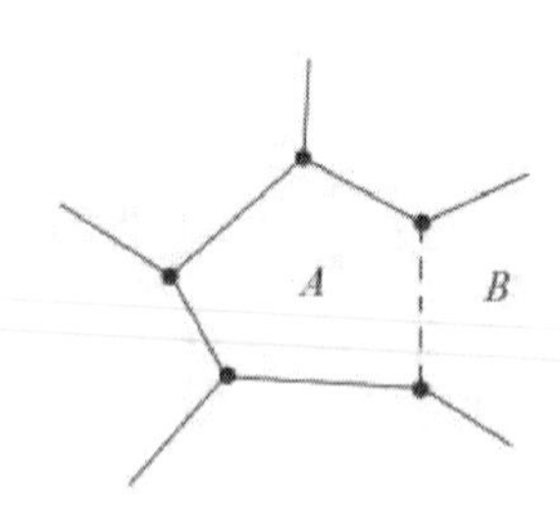

圖 3.8

$$\begin{cases} V' = V \\ F' = F - 1 \\ E' = E - 1 \end{cases}$$

從而有

$$V' + F' - E' = V + F - E$$

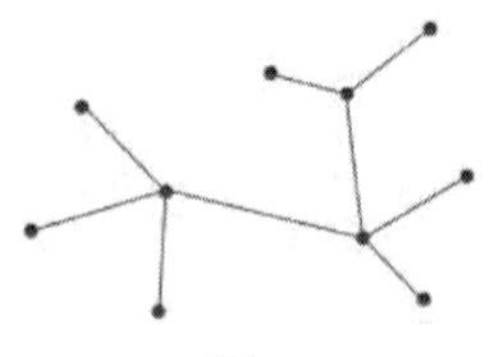
圖 3.9

仿照上述方法，可以一直拆到最後，拆成一個如同圖 3.9 所示的、不含內部區域的樹狀網路，而對於這種樹狀網路，其頂點數 $V^{(n)}$、區域數 $F^{(n)}$ 和弧線數 $E^{(n)}$ 之間，以下的關係式是很明顯的：

$$V^{(n)} + F^{(n)} - E^{(n)} = 2$$

注意到

$$V + F - E = V' + F' - E' = \cdots$$
$$= V^{(n)} + F^{(n)} - E^{(n)} = 2$$

從而也就證得了尤拉公式

$$V + F - E = 2$$

四、

笛卡兒的非凡思考

大約在尤拉發現網路公式的 120 年之前，1630 年，法國數學家笛卡兒（Rene Descartes，1596 ～ 1650）以其非凡的思考，寫下了一則關於多面體理論的短篇手稿。1650 年，笛卡兒在斯德哥爾摩病逝之後，這份手稿遂為其友所珍藏。1675 年，萊布尼茲有幸在巴黎看過這份手稿，並用拉丁文抄錄了其中的一些重要部分。此後，笛卡兒的這份手稿輾轉失傳，人們只好找出萊布尼茲的抄錄本，再譯回法文正式出版。

笛卡兒實際上是用完全不同的方法推出尤拉發現的公式

$$V + F - E = 2$$

為了弄清楚這位解析幾何創始人不同凡響的思路，我們還得從立體角的概念說起。

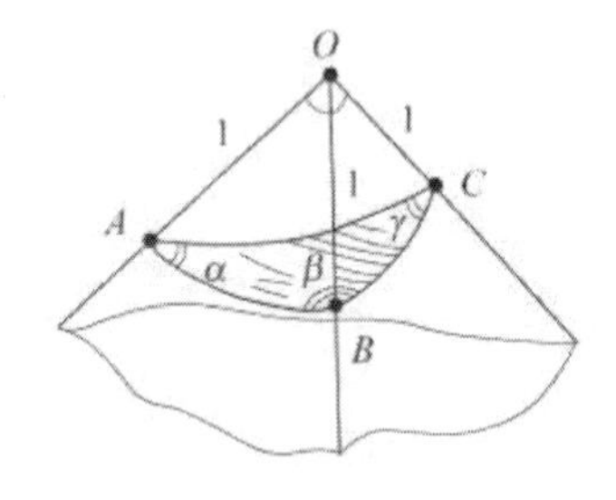

圖 4.1

所謂立體角，是指在一點所作的 3 個或 3 個以上不同平面的平面角所圍成的空間部分。立體角的大小，是由立體角在以角頂為球心的單位球面上截下的球面多角形的面積來度量的。圖 4.1 的立體角大小，即以球面三角形 ABC 的面積來度量。容易證明，圖中這塊面積 σ_1 等於

$$\sigma_1 = \alpha + \beta + \gamma - \pi$$

事實上，如圖 4.2 所示，在單位球 O 上，大圓弧 AB、BC、AC 所在的大圓，把半球面分為 1、2、3、4 共 4 個部分。圖中的 A、A' 和 B、B' 顯然是兩組對徑點。透過簡單計算可知，以上 4 個部分的面積 σ_1、σ_2、σ_1 和 σ_4，滿足

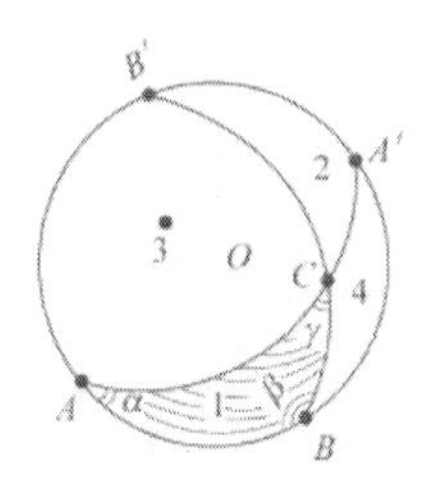

圖 4.2

$$\begin{cases} \sigma_1+\sigma_3=\dfrac{\beta}{2\pi}\cdot 4\pi=2\beta \\ \sigma_1+\sigma_4=\dfrac{\alpha}{2\pi}\cdot 4\pi=2\alpha \\ \sigma_1+\sigma_2=\dfrac{\gamma}{2\pi}\cdot 4\pi=2\gamma \\ \sigma_1+\sigma_2+\sigma_3+\sigma_4=2\pi \end{cases}$$

由此得

$$\sigma_1=\alpha+\beta+\gamma-\pi$$

與平面幾何中求一個角的補角類似，一個立體角的補立體角可以這樣得到：如圖 4.3 所示，在已知立體角 O-ABC 內部取一點 O'，由 O' 向各個面引垂線 O'A'、O'B'、O'C'，則立體角 O'-A'B'C' 即為立體角 O-ABC 的補立體角。

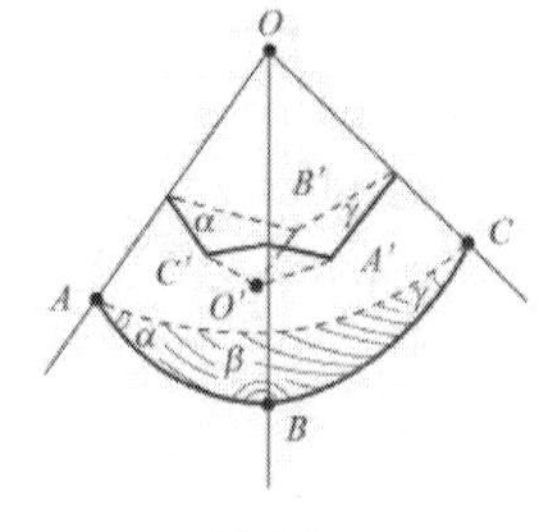

圖 4.3

可以證明補立體角的3個面角a'、b'、c'（即∠C'O'B'，∠A'O'C'，∠B'O'A'）分別與α、β、γ（度量值）互補。從而，原立體角O-ABC的大小可以表示為

$$\begin{aligned}\sigma &= \alpha + \beta + \gamma - \pi \\ &= (\pi - a') + (\pi - b') + (\pi - c') - \pi \\ &= 2\pi - (a' + b' + c')\end{aligned}$$

同理，補立體角O'-A'B'C'的大小可以表示為

$$\sigma_1 = 2\pi - (a + b + c)$$

上式中的a、b、c為原立體角O-ABC的各個面角（即∠COB，∠AOC，∠BOA）。

讀者想必早已知道，一個平面凸多邊形的外角和等於2π，即所有內角的補角和等於2π。那麼，對於空間的凸多面體，所有頂點立體角的補立體角之和，是否也有類似的關係呢？為此，我們從多面體內部的一點O向多面體的各個面引垂線。從圖4.4不難看出：多面體所有頂點立體角的補立體角，恰好占據了O點周圍的全部空間！因而，其總和應等於單位球球面的面積，即4π。

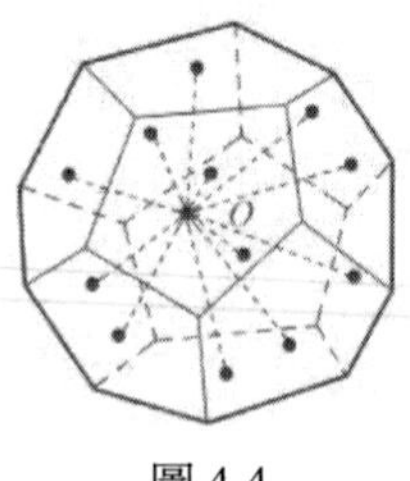

圖 4.4

第 i 個面的內角個數（也即邊數）為 n_i。所有內角的個數 p 為

$$p = n_1 + n_2 + \cdots + n_F$$

再用 Σ 表示所有面的內角和，於是根據上面說過的多面體補立體角之和為 4π 的結論可知

$$4\pi = 2\pi \cdot V - \Sigma$$

又第 i 個面的內角和為（n_i − 2）π，從而 F 個面的全部內角相加得

$$\begin{aligned}\Sigma &= (n_1 - 2)\pi + (n_2 - 2)\pi + \cdots + (n_F - 2)\pi \\ &= (n_1 + n_2 + \cdots + n_F)\pi - 2\pi F \\ &= \pi p - 2\pi F\end{aligned}$$

代入上式可得

$$4\pi = 2\pi V - (\pi p - 2\pi F)$$

所以 $p = 2(V + F) - 4$

這就是笛卡兒留給後人的結果！

笛卡兒的公式離尤拉公式實際上只有一步之遙。尤拉的成功，只是由於他匯入了稜數的概念，從而打破了古典幾何學的清規戒律，建立起拓樸學的新秩序。

事實上，令多面體的稜數為 E，則多面體各個面的內角總數恰為稜數的兩倍，即

$$p = 2E$$

從而 $2E = 2V + 2F - 4$

立得 $V + F - E = 2$

上述關於多面體的尤拉公式的一個簡單應用是：論證正多面體只有 5 種。實際上，假設正多面體的每個面都是正 p 邊形，而每個頂點都交會著 q 條稜，這樣，我們有

$$\begin{cases} qV = 2E \\ pF = 2E \end{cases} \Rightarrow \begin{cases} V = \dfrac{2E}{q} \\ F = \dfrac{2E}{p} \end{cases}$$

代入尤拉公式得

$$\frac{2E}{q}+\frac{2E}{p}-E=2$$

從而

$$\frac{1}{p}+\frac{1}{q}=\frac{1}{2}+\frac{1}{E}$$

注意到E ≥ 6，上述方程式只能有以下5種正整數解，如表 4.1 所示。

表 4.1 5 種正整數解

序號	p	q	V	F	E	名稱
1	3	3	4	4	6	正圓面體
2	3	4	8	6	12	立方體
3	4	3	6	8	12	正八面體
4	3	5	20	12	30	正十二面體
5	5	3	12	20	30	正二十面體

圖 4.5 是相應於表 4.1 正多面體的立體圖。

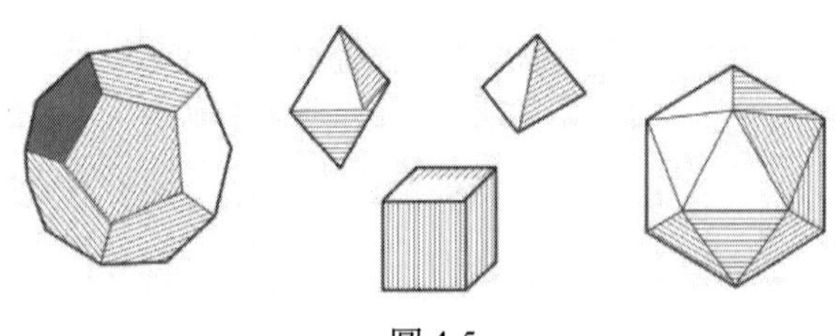

圖 4.5

最後需要說明的是，本節關於多面體的尤拉公式，只是前文平面尤拉公式的一個特例。實際上我們很容易採用以下方法，把一個立體圖形的表面，攤成一個平面圖形：設想多面體的表面是一層伸縮自如的橡皮膜，而多面體的內部則是中空的。現在，在它的一個面上，把橡皮膜穿開一個洞，然後用手指插進洞裡，並用力向四周拉伸，直至攤成平面。圖 4.6 具體而有趣地表現出把一個正方體表面攤開的過程。其中圖（b）所示，最外面不整齊的邊界，實際上就是洞的輪廓。如果我們把圖形的外部區域整個看成開洞的面，並將弧線修整成順眼的樣子，即得圖（c）。這樣的圖，稱為正方體的平面拓樸圖。其他的多面體或立體圖形，也可以類似地得到相應的平面拓樸圖，從而把立體表面的問題轉化成平面上的問題加以解決。

這便是為什麼平面網路的尤拉公式，可以應用於多面體表面的緣故！

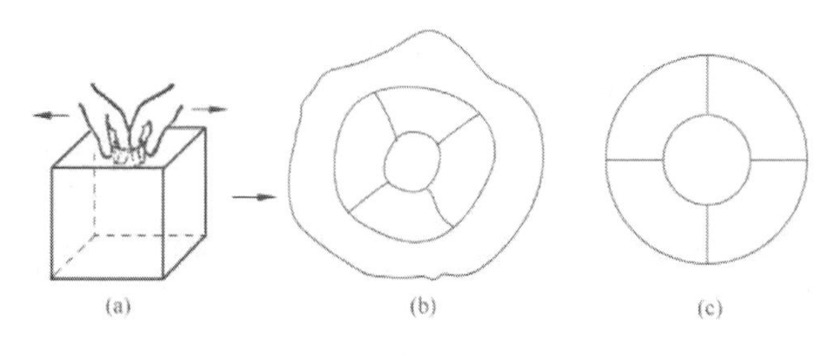

圖 4.6

五、

哈密頓周遊世界的遊戲

即使在數學家的隊伍裡，像哈密頓那樣早慧勤思的神童也是很少見的！

威廉．哈密頓（William Hamilton，1805 ～ 1865）出生於愛爾蘭的都柏林。他 3 歲識字，兒童時期便已通曉 8 種語言，12 歲就已讀完拉丁文的《幾何原本》，16 歲竟撰文訂正大數學家拉普拉斯證明中的某點錯誤，22 歲便當上大學教授。在數學史上，哈密頓曾以發明「四元數」而青史留名！

1856 年，哈密頓發明了一種極為有趣的「周遊世界」的遊戲，這個遊戲曾經風靡一時。在遊戲中，哈密頓用一個正十二面體的 20 個頂點，代表我們這個星球上的 20 個大城市。遊戲要求，沿著正十二面體的稜，從一個「城市」出發，遍遊所有的「城市」，最後回到原出發點，但所經過的稜不許重複！

周遊世界遊戲的解答稱為「哈密頓圖」，它並不難求，但極為有趣。圖 5.1 是正十二面體和它的平面拓樸圖。讀者不妨先在這些圖上試試看，說不定也能找到一個哈密頓圖呢！

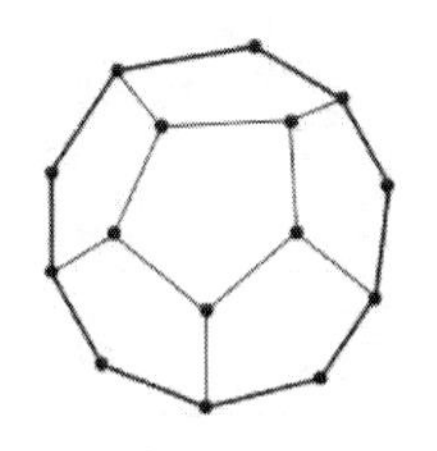
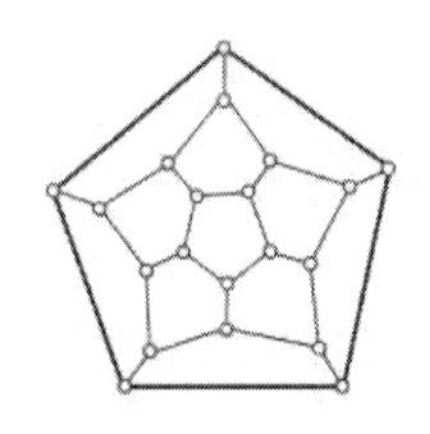

圖 5.1

以下讓我們看一看，在正十二面體的平面拓樸圖中，一個漢米頓圖需要具備什麼樣的條件？首先，由於漢米頓圖包含 20 個頂點及連線它們的稜，因此應當是一個簡單二十邊形的周界，這個二十邊形顯然是由若干五邊形拼接而成，而這些五邊形中不可能有 3 條邊具有公共點！否則的話，這個公共點便會如圖 5.2 所示那樣，成了二十邊形的內部的點，從而也就不可能成為漢米頓圖上的點。這與漢米頓圖包含全部 20 個頂點相矛盾。

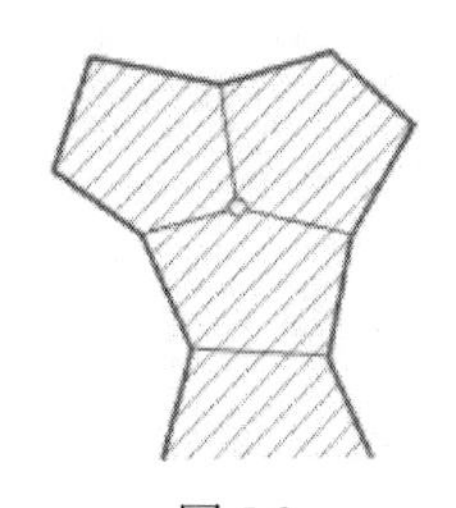

圖 5.2

其次，上面所說的五邊形，也不可能圍成一個環形。因為如果是這樣的話，拼接起來的多邊形周界，勢必分為兩個隔離的部分，這自然是漢米頓圖所不許可的！

以上分析顯示：漢米頓圖中的五邊形，只能像圖 5.3 所示那樣排成一串！

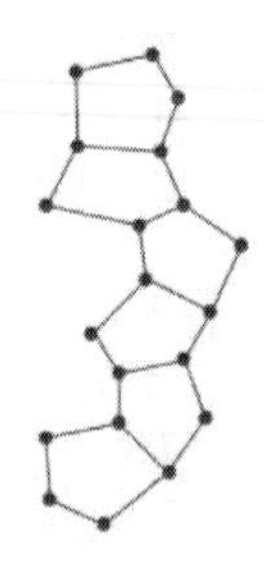

圖 5.3

現在的問題是：在正十二面體的平面拓樸圖中，究竟能否找到上面所說的一串五邊形呢？答案是肯定的！圖 5.4 便是一種解答方案。

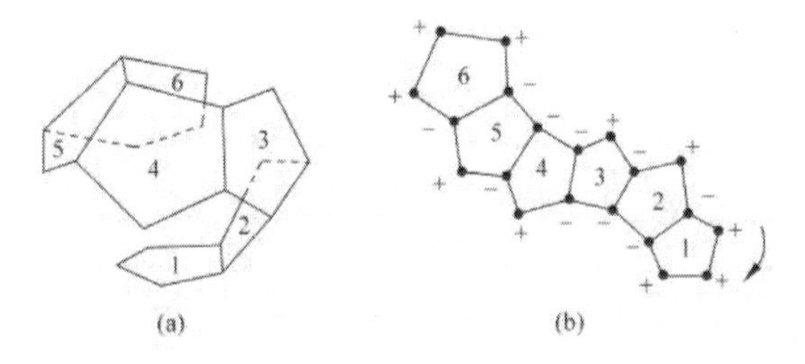

圖 5.4

在圖 5.4 中，圖（a）是圖（b）所示的一串五邊形在正十二面體上的實際位置。為了便於讀者記憶，設想我們沿著一條稜前進到達某個頂點，這時擺在我們面前，顯然有左轉和右轉兩條路。倘若周遊的路線是向右轉，這時我們便在這個頂點旁做「＋」的記號；倘若我們周遊的路線是向左轉，則做「－」的記號，如圖 5.5 所示。圖 5.4（b）所示的「＋」、「－」記號，便是根據上述規則標記的。這些記號是依順時針方向以

→＋＋＋－－－＋－＋－→

的方式循環著。這是很好記的！讀者可以在正十二面體的平面拓樸圖上，按上述的法則找到漢米頓圖。圖 5.6 便是一個例子。

哈密頓周遊世界的遊戲，無疑能夠移植到任意的多面體上。不過有一點是肯定的，並不是所有的平面脈絡都存在漢米頓圖，圖 5.7 就是一個不存在漢米頓圖的例子。

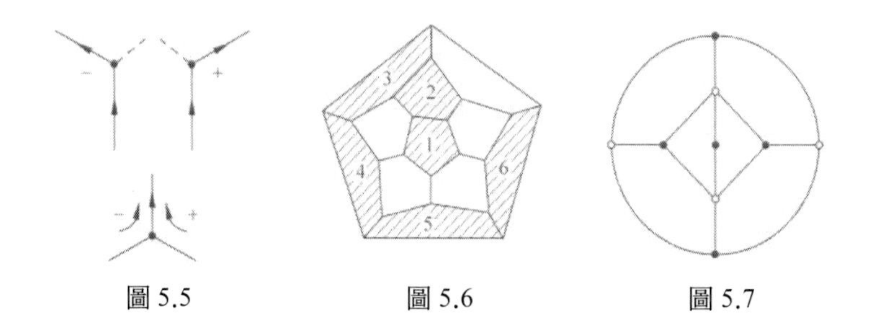

圖 5.5　圖 5.6　圖 5.7

事實上，我們可以如同圖 5.7 中已經畫好的那樣，把所有的頂點分別畫成「●」和「○」。容易看出，圖中所有與「●」相鄰接的頂點都是「○」；而所有與「○」相鄰接的頂點都是「●」。這樣一來，如果問題中的漢米頓圖存在的話，那麼圖上的頂點必然是一「●」一「○」的點列。由於這樣的點列頭尾相接，因而「●」的數目與「○」的數目必須是相等的。然而，圖 5.7 中卻明顯的有 5 個「●」和 4 個「○」。這顯示對圖 5.7 來說，所求的漢米頓圖是不存在的！

上述問題的證明與以下有趣的西洋骨牌遊戲相似，如圖 5.8 所示。

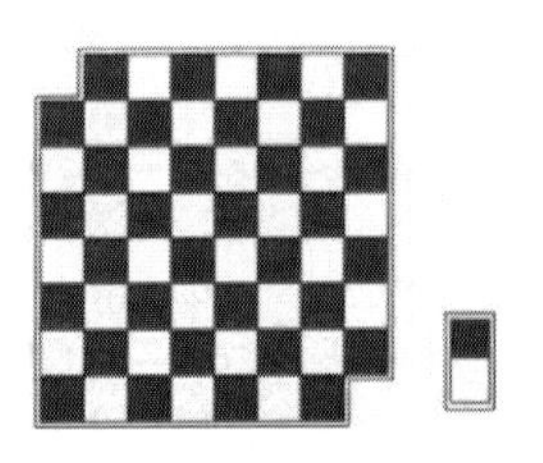

圖 5.8

圖 5.8 是一副有 62 格的殘缺棋盤，問：能不能用 2×1 格的西洋骨牌去覆蓋它？

我們不妨把一個西洋骨牌看成是由一個白格與一個黑格連線而成的。很明顯，凡能用西洋骨牌覆蓋的棋盤，其黑格與白格一定是一樣多的。然而，遊戲中所給的棋盤，無論如何，白格與黑格總是相差兩個。因此遊戲中的要求是無法實現的！

哈密頓周遊世界的遊戲有許多有趣的變種，以下這個生動的故事就是精妙的一例。

亞瑟王（傳說中的英國國王）在王宮中召見他的 2n 名騎士，不料某些騎士結怨甚深，已知每人的結怨者都不超過 n－1 個，那麼亞瑟王應當怎樣在他那張著名的圓桌周圍安排這些騎士的座位，才能使每個騎士不與他的結怨者為鄰呢？

可能有不少人對此感到茫然！其實，如果我們把每個騎士看成點，而讓友善者之間連成線，便能得到一張平面網路圖。現在可將問題轉換為：要從這張圖上找出一個漢米頓圖。僅此而已！這大概是讀者原先所沒有料到的！

六、

奇異的莫比烏斯帶

西元 1858 年，德國數學家奧古斯特·費迪南德·莫比烏斯（August Ferdinand Möbius，1790 ～ 1868）發現，一個扭轉 180°後再兩頭黏起來的紙條，具有魔術般的性質，如圖 6.1 所示。

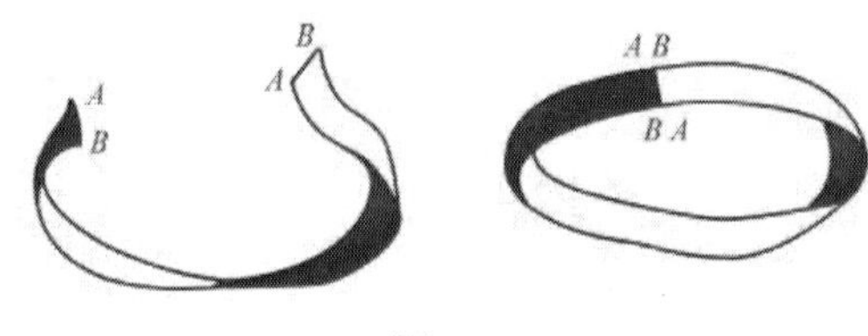

圖 6.1

首先，這樣的紙帶不同於普通的紙帶，普通紙帶具有兩個面（即雙側曲面），一個正面，一個反面，因此兩個面可以塗成不同的顏色；而這樣的紙帶只有一個面（即單側曲面），一隻蒼蠅可以爬遍整個曲面而不必跨過它的邊緣！

現在，我們把這種由莫比烏斯發現的神奇單面紙帶，稱為「莫比烏斯帶」。

拿一張白色長紙條，把一面塗成黑色，然後把其中一端翻一個身，如同圖 6.1 所示，黏成一個莫比烏斯帶。現在如圖 6.2 所示，用剪刀沿紙帶的中央，把它剪開。可能有人擔心這麼一剪，紙帶便會剪成兩半。不過，試一試你就會驚奇地發現，紙帶不僅沒有一分為二，反而像圖中那樣，剪出一個兩倍於原紙帶長度的紙圈！

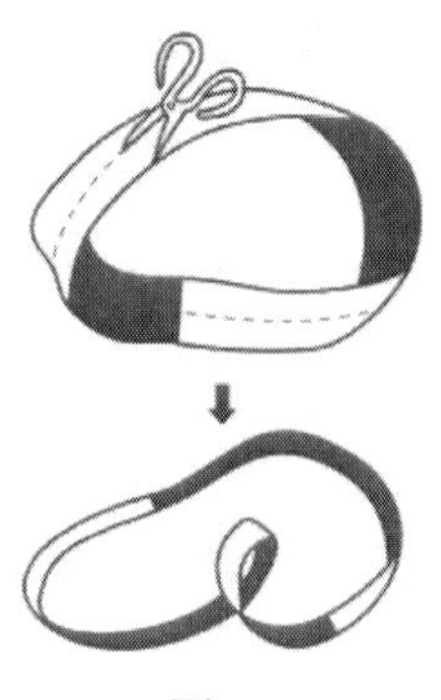

圖 6.2

有趣的是，新得到的這個較長的紙圈，本身卻是一個雙側曲面，它的兩條邊界雖然自身不打結，但卻相互連在一起！為了讓讀者直觀地看到這個不太容易想像出來的事實，我們可以把上述紙圈再一次沿中線剪開，這回可真的一分為二了！我們得到的是兩條互相套著的紙圈，而原先的兩條邊界，則分別包含於兩條線圈之中，只是每條線圈本身並不打結罷了，如圖 6.3 所示。

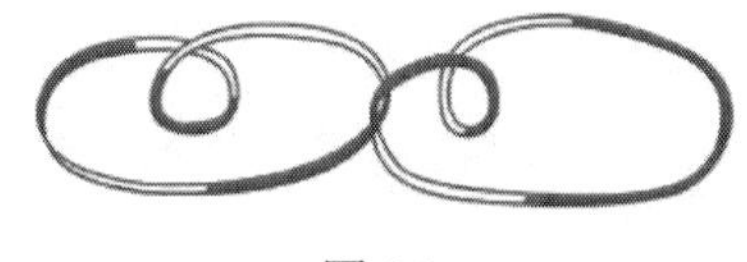

圖 6.3

莫比烏斯帶還有更為奇異的特性。一些在平面上無法解決的問題，卻不可思議地在莫比烏斯帶上獲得了解決！

在〈三、橡皮膜上的幾何學〉中，那道妙趣橫生的哈里發嫁女難題，想必讀者依然記憶猶新。在那節我們曾經介紹過，在平面上要解答哈里發所提的難題是不可能的！不過，倘若把同樣的問題搬到莫比烏斯帶上來，解決它卻易如反掌。圖 6.4 即為一種解答方案，圖中的③與③的連線，請讀者自行練習、補上。

另一個在普通空間無法實現的問題是「手套易位」問題。人左、右兩手的手套雖然極為相像，但卻有本質的不同。我們不可能把左手的手套貼切地戴到右手上，也不能把右手的手套貼切地戴到左手上。無論你怎麼扭來轉去，左手套永遠是左手套，右手套也永遠是右手套（圖 6.5）！

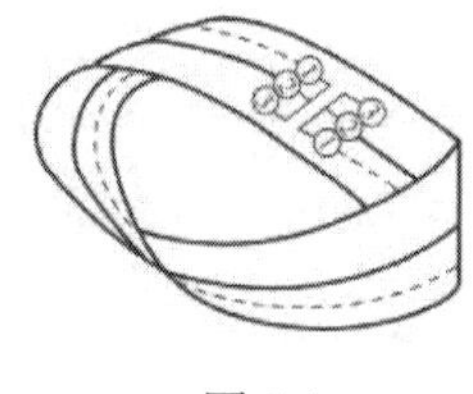

圖 6.4

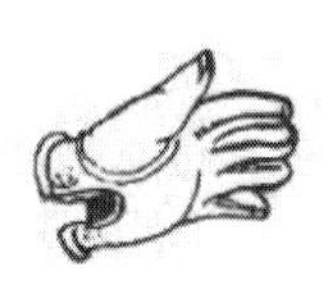

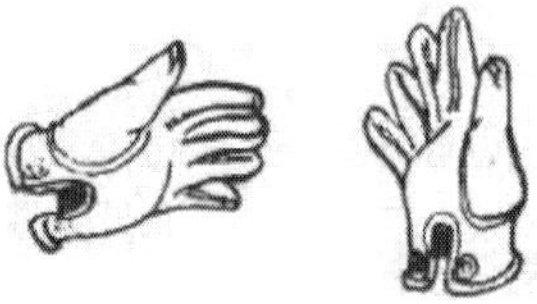

圖 6.5

在自然界有許多物體也類似於手套，它們本身具備完全相像的對稱部分，但一個是左手系的，另一個是右手系的，它們之間有著極大的不同。

圖 6.6 畫的是一隻「扁平的貓」，規定這隻貓只能在紙面上緊貼著紙行走。現在這隻貓的頭朝右。讀者不難想

像，只要這隻貓緊貼著紙面，那麼無論其怎麼走動，它的頭只能朝右。所以我們可以把這隻貓稱為「右側扁平貓」。

圖 6.6

「右側扁平貓」之所以頭始終朝右，是因為它不能離開紙面。假如允許它跑到空間中來，那麼，任何一位讀者都可以輕而易舉地把它翻過一面，再放回到紙面上去，變成一隻頭朝左的「左側圖 6.7 扁平貓」。

圖 6.7

現在讓我們再看一看，在單側的莫比烏斯帶上，扁平貓的遭遇究竟如何呢？圖 6.7 畫了一隻「左側扁平貓」，它緊貼著莫比烏斯帶走，走呀走，最後竟走成一隻「右側扁平貓」！看！莫比烏斯帶是多麼的神奇啊！

扁平貓的故事給了我們一個啟示：在一個扭曲的面

上，左、右手系的物體是可以透過扭曲實現轉換的！如果讀者發揮非凡的想像力，設想我們的空間在宇宙的某個邊緣，呈現出莫比烏斯帶式的彎曲，那麼，說不定有朝一日，我們的星際太空人會帶著左胸腔的心臟出發，卻帶著右胸腔的心臟返回地球！

下面是又一則有趣的故事。

傳說古代有一位國王，他有 5 個兒子。老國王在臨終前留下了一份遺囑，要求在他死後把國土分成 5 塊，每個孩子各得一塊。不過，這 5 塊土地中的每一塊，都必須與其餘 4 塊相連，使居住在每塊土地上的人，可以不必經過第三塊土地，而直接到達任何一塊土地上去！至於每塊土地的大小，則由兒子們自己協商解決。

後來老國王離開了人世。但在執行遺囑的時候，5 個兒子卻為此大傷腦筋。老國王的原意是要他們 5 個人團結一致，互相幫助。但兒子們卻發現，在地球表面上，這份遺囑根本無法執行！

親愛的讀者，你能說出為什麼老國王的遺囑無法在地面上執行嗎？假如故事中的老國王和他的兒子們是生活在神奇的莫比烏斯帶上，那麼你能幫幫這幾位可憐的王子，去執行他們父親的遺囑嗎？

現在讓我們再回到莫比烏斯帶的討論上來。想必讀者已經注意到，莫比烏斯帶具有一條非常明顯的邊界。這似乎是一種美中不足。1882 年，另一位德國數學家克萊因（Felix Christian Klein，1849 ～ 1925），終於找到了一種自我封閉而沒有明顯邊界的模型，稱為「克萊因瓶」（圖 6.8）。這種怪瓶實際上可以看作是由一對莫比烏斯帶沿邊界黏合而成。因而克萊因瓶比莫比烏斯帶更具一般性。

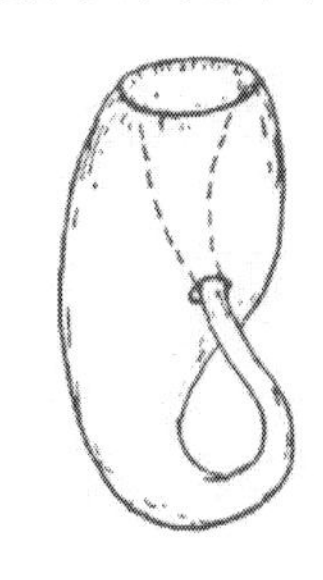

圖 6.8

奇異的莫比烏斯帶是拓樸學園地的一株奇葩！

拓樸，是英文 Topology 的譯音，它研究幾何圖形在一對一連續變換下的不變性質。這種變換，雖然點與點之間的距離不被保持，但點的鄰域卻不允許跳離。

拓樸學創立於 19 世紀，奠定這門學科基礎的，是被譽為「征服者」的法國數學家亨利．龐加萊（Henri Poincaré，1854 ～ 1912）。

七、

環面上的染色定理

讀者一定還記得〈六、奇異的莫比烏斯帶〉中那個老國王遺囑的故事。在那節我們說過，在平面上要讓 5 塊區域兩兩相比鄰是不可能的。然而，讀者可能沒有預料到，老國王這個無法執行的遺囑，竟與近代數學三大難題之一的「四色問題」，有著直接的關係。

1852 年，英國倫敦大學畢業生古德里（Francis Guthrie）發現：無論多麼複雜的地圖，只要用 4 種顏色，便能把有共同邊界的國家區分開來。1879 年，英國數學家亞瑟·凱萊（Arthur Cayley，1821 ～ 1895）把這個問題數學化，並稱之為「四色猜想」。「四色猜想」後來變得非常著名，成為向人類智慧挑戰的又一道世界難題。

四色問題難在哪裡呢？原來難在需要做出的邏輯判定數量很大，約有 200 億次，然而一個人的生命只有 30 多億秒！可見，單靠一個人的力量解決這樣的問題是不可能的！除非有某種超智慧的理論突破，使幸運女神在一夜之間從天庭降臨人間！

不過，在電腦出現之後，情況有了很大的轉變。1976 年 9 月，數學史上亙古未有的奇蹟終於出現了，美國伊利諾大學的兩位數學家宣布：在人與電腦的「合作」下，四色問題已經被征服！據說電腦曾為解決此問題日夜不停地計算了整整 50 個晝夜！

現在我們再回到老國王遺囑的故事上來。倘若那份遺囑能夠執行的話，便意味著存在 5 個兩兩相鄰的區域，這樣區域的地圖自然非用 5 種顏色染色不可！這無疑與四色定理相矛盾。

在〈六、奇異的莫比烏斯帶〉中，我們曾經讓讀者用莫比烏斯帶幫助 5 位可憐的王子，解決他們父親留下的問題。不過，不用莫比烏斯帶而用其他更為常見的曲面，問題也不見得無法解決。事實上，在一個救生圈那樣的環面上，老國王的遺囑同樣可以執行。如圖 7.1 所示，環面的下半部為一個區域，而上半部劃分為 4 個區域，這 5 個區域是兩兩相鄰接的。

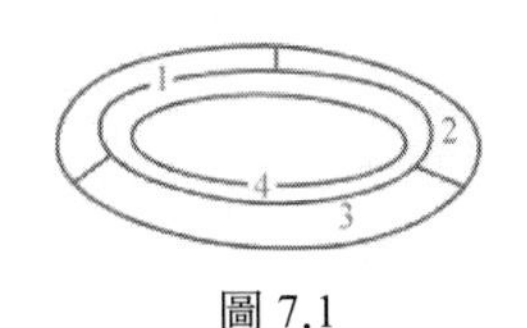

圖 7.1

有趣的是，在環面上不僅可以讓國王的 5 個兒子解決遺囑的執行問題，即使老國王的兒子再多兩個，問題同樣也能解決！這就是說，在環面上我們找得到 7 個兩兩相鄰接的區域。為了讓讀者對此看得一清二楚，我們設法對環面做一些處理，把環面剪開並攤成一個平面圖形。顯然，這只需剪兩次，我們的目的便能達到。不過，需要記住的是，攤開後，圖形的上下邊界與左右邊界原先本是縫合在一起的！如圖 7.2 所示。

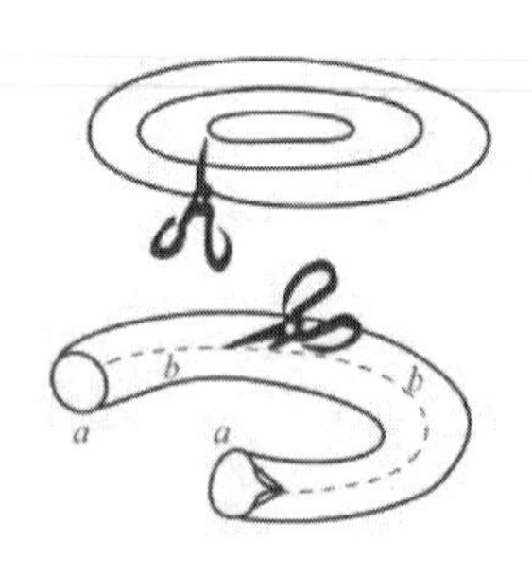

圖 7.2

圖 7.3 是人們好不容易在環面攤開後的矩形圖上找到的區域示意圖，圖中的 7 個區域兩兩相鄰。如何把它設想成黏合後的環面圖形，又如何說明上面的每個區域都與其他區域相鄰，這無疑需要相當豐富的想像力，它對讀者自然是一次很好的鍛鍊！

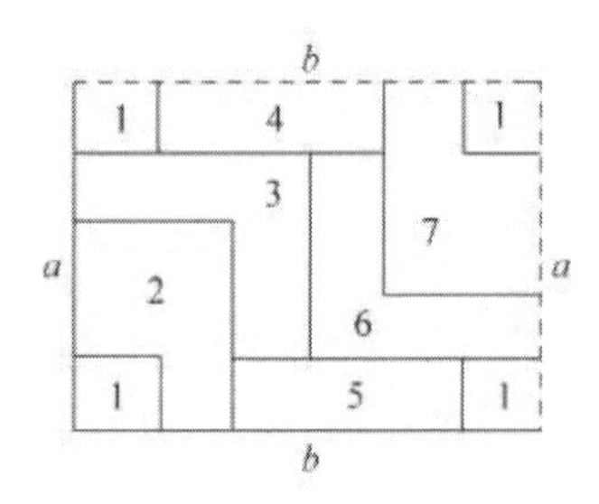

圖 7.3

圖 7.4 畫出的是相應於圖 7.3 的環面區域劃分示意圖，圖 7.4（a）是正面，圖 7.4（b）是反面，反面的區域界線已用虛線標在正面圖裡。讀者只要細心對照一下便會發現，圖中的 7 個區域的確兩兩相鄰，這似乎比圖 7.3 所示的矩形地圖更容易看出來！

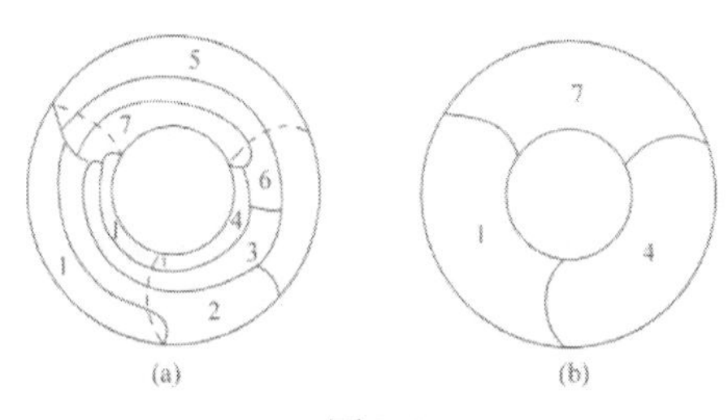

圖 7.4

以上事實顯示，對於環面上的地圖，至少要用 7 種顏色才能把不同的區域區分開。實際上我們還可以證明：在環面上區分不同的區域，用 7 種顏色已經足夠了！這就是著名的環面「七色定理」。

可能有的讀者會這樣想，四色問題已經弄得人們焦頭爛額了，如今「平面」換成更複雜的「環面」，「四色」改為更多的「七色」，豈不是更加讓人束手無策嗎？

其實，「七色定理」的證明沒那麼難，各位讀者大概都能做到！不過，這要先從環面上的「尤拉示性數」說起。

讀者在〈三、橡皮膜上的幾何學〉中已經看到，對於球面上的連通網路，其頂點數 V、區域數 F 和弧線數 E 之間，存在以下關係：

$$V + F - E = 2$$

這裡的 2，對於球面是個常數，稱為「球面尤拉示性數」。

那麼，在環面上情況又將如何呢？讓我們看一看球面與環面究竟有什麼關係。

一個環面是可以用以下方法變為球面的：把環面縱向剪斷，成為兩端開口的筒形，如圖 7.5 所示。現在用兩個面（圖 7.5 中陰影部分）把開口圓筒的兩頭封起來，變成閉口圓筒，然後對它充氣，使它膨脹成球狀。只是球面上有兩塊像眼睛那樣的區域，是原先環面所沒有的。因此，一個環面上的連通網路，在變為充氣球面上的連通網路時，網路的頂點數和弧線數沒有改變，區域數則多了兩個（圖 7.6）。從而，對於環面上連通網路而言，其頂點數 V、區域數 F 和弧線數 E 之間有

$$V + F - E = 0$$

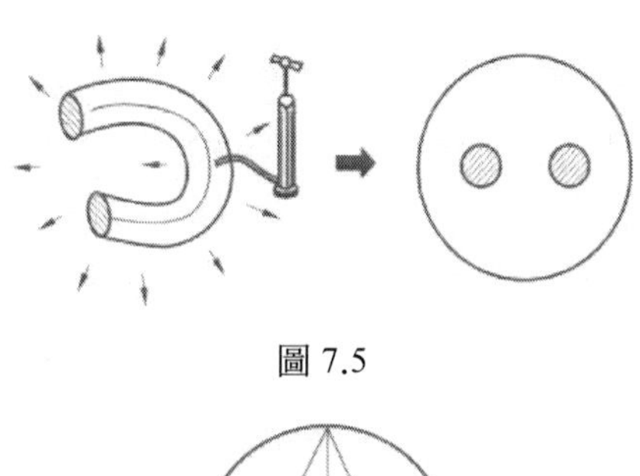

圖 7.5

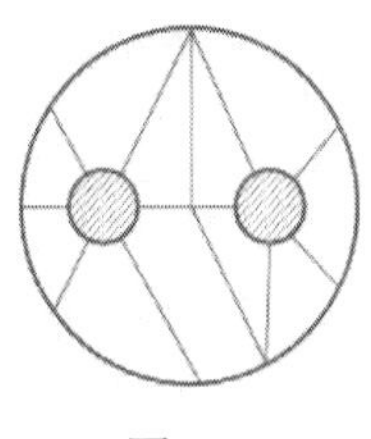

圖 7.6

這就是說，環面上的尤拉示性數為 0。

以下讓我們轉而證明環面的「七色定理」。假定環面上的地圖是已經標準化了的，即地圖上的每個頂點都具有 3 個分支（否則可以如圖 7.7 所示，在各頂點周圍畫一個小區域，使新地圖的頂點都變成 3 個分支）。由於每個頂點都有 3 條弧線發出，而且每條弧線都具有兩個端點，從而

$$3V = 2E$$

代入環面上的尤拉公式

$$V + F - E = 0$$

立得 $E = 3F$

上式顯示，在環面上的標準化地圖裡，必有一個邊數小於 7 的區域！因為如果所有區域的邊數都不小於 7，便會有

$$2E \geq 7F > 6F = 2E$$

從而引出矛盾！

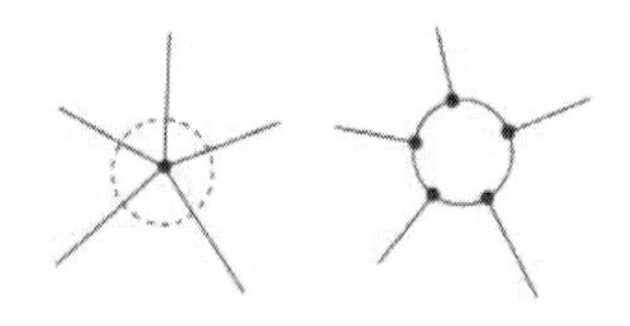

圖 7.7

由於環面上的地圖必有一個小於 7 邊的區域，因而，我們可以如圖 7.8 所示，把這個區域拆掉一條邊，得到一幅新的地圖。如果新圖能夠用 7 種顏色染色，那麼把拆掉的邊界新增進去後的原圖，顯然也能夠用 7 種顏色染色！不過，新的地圖已經比原本地圖少了一個區域。對這樣的

新地圖來說，自然也存在一個小於 7 邊的區域，因而同樣可以拆掉一邊得到一幅更新的地圖。如果這更新的地圖能用 7 色染色，那麼新地圖同樣能用 7 色染色，從而原地圖也一定能用 7 色染色。以上步驟可以一直進行下去，區域數不斷減少，最後少到只有 7 個，當然能用 7 色染色，從而原地圖能用 7 色染色也就毋庸置疑了！

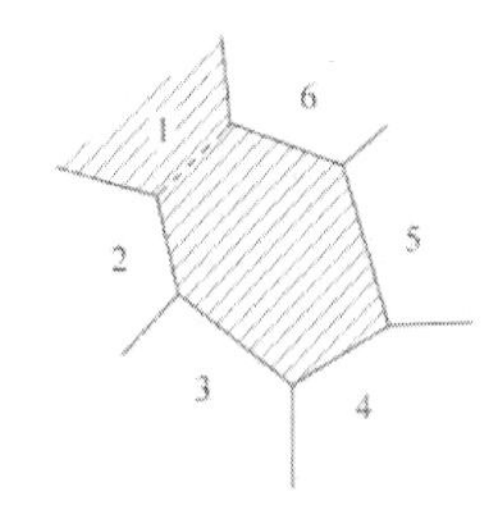

圖 7.8

八、

捏橡皮泥的科學

前面我們向讀者介紹過，拓樸學是一門研究一對一連續變換的幾何學。1902 年，德國數學家郝斯多夫（Felix Hausdorff，1868 ～ 1942）用鄰域的概念代替了距離，得出一套完整的理論系統。在這個理論中，拓樸變換是一種不改變點的鄰近關係、一對一的連續變換。

在〈三、橡皮膜上的幾何學〉中，讀者可以看到，橡皮膜上的圖形透過拉扯、彎曲和壓縮，只要不扯斷或不把分開的部分捏合，就能保持一對一和點的鄰近關係，所得到的前後圖形是拓樸等價的。同理，一塊橡皮泥只要不撕裂、切割、疊合或穿孔，便能捏成一個立方體、蘋果、泥人、大象或其他更複雜的東西，但卻無法捏出一個普通的炸麵包圈或鈕扣，因為後者中間的空洞，是無論如何也拉不出來的！

顯然，上面講的捏橡皮泥，是一種保持點與點鄰近關係的拓撲變換。但拓樸變換並非都能透過捏橡皮泥的方法得到。圖 8.1 是把一個橡皮泥做成的圓圈剪斷，然後打一個結，再按切斷時的原樣將切口黏合，使原來切口上相同的點，黏合後仍然是同一個點。這樣的變換當然也是拓樸變換，但絕不可能透過捏橡皮泥的方法做到！

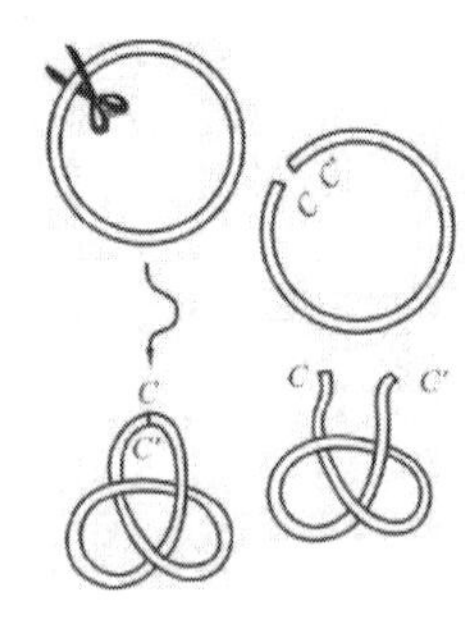

圖 8.1

讀者可能還記得那個由數學家創造出來的怪瓶子——「克萊因瓶」吧！它可以想像成是把一個汽車的內胎，首先切斷並拉直成圓柱；然後再把其中的一頭撐大，做成一個底，另一頭則擰細，像一個瓶子的頸部；接著，如圖 8.2 所示，把細的一頭彎過來，並從氣門口插進去；最後，把細的一頭也撐大，並與原先已撐大的那一頭連接起來！不過這種連線要求做得「天衣無縫」，使所有切斷前相同的點，連線後仍是同一個點。這樣做儘管在客觀上未必可能，但在拓樸學上卻是允許的。

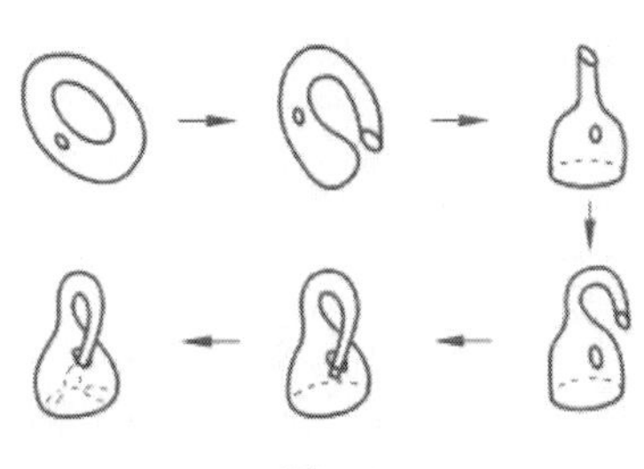
圖 8.2

捏橡皮泥的科學是奇特而有趣的，有些問題即使想像力很豐富的人，也難免要費一番功夫！

下面是一道玄妙而古怪的問題：有 3 個橡皮泥做成的環，如圖 8.3 所示，套在一起，一個大環穿過兩個連在一起的小環。請用捏橡皮泥的方法（注意！既不能拉斷，也不允許把分開的部分捏合），把其中的一個小環從大環中拿出來，變成如圖 8.4 所示那樣。

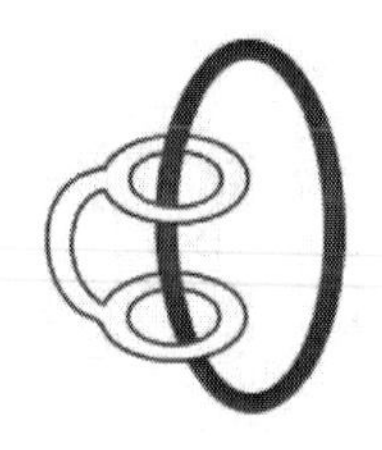

圖 8.3

圖 8.4

初學的讀者可能對此問題感到不可思議！圖 8.5 將讓你看到一種精妙絕倫的捏法。只有在拓樸學中才有機會領略這種人世間罕見的奇蹟！

以下是另一道妙題，此題對讀者來說是一道非常好的練習題。有了上面的範例，想必讀者將會滿懷信心地去品嘗拓樸奇觀帶給人們的無窮趣味！

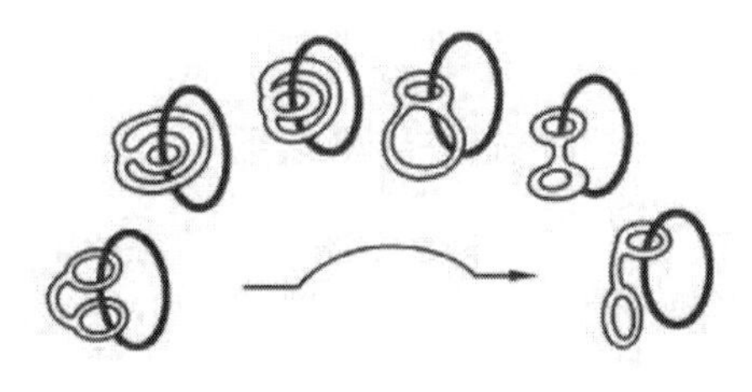

圖 8.5

圖 8.6 是由橡皮泥做成的 3 個環，第三個環與前兩個環相連，而前兩個環則相互套著。那麼能否用捏橡皮泥的方法，把它捏成箭頭方向所示的，兩個連著的環？

為了讓讀者的想像力有一個盡情發揮的機會，我們特意把解答方法留在本節的末尾。不過，要告訴讀者的是，這個問題的要求是一定能夠做到的！

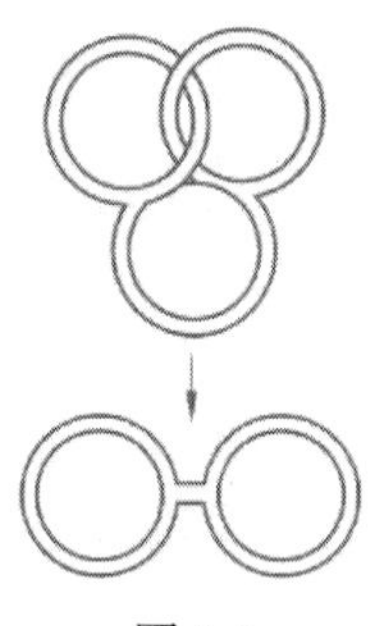

圖 8.6

可能有的讀者會問：既然拓樸學中允許一個空間形體，像橡皮泥那樣捏來捏去，那麼在我們生活著的空間裡，什麼樣的形體才稱得上是本質不一樣的呢？也就是說，應該怎樣對空間圖形進行拓樸分類呢？這的確是一個新鮮而有趣的問題。

先看一個平面上的簡單例子。大家知道：在 26 個大寫的英文字母中，有一些字母能夠像橡皮筋那樣，透過彈性的彎曲和伸縮，由一個變成另一個。我們把凡是能透過彈性變形變化的字母歸為同一類。這樣，26 個大寫英文字母便能分為若干類。不同類之間則是不可變的。例如，以下各行字母分別屬於不同的類：

CLMNSUVWZ；

KX；

EFJTY；

DO；

……

讀者完全可以自行把上面的字母表繼續下去，並探討一下各類字母具有什麼共同的特徵。我想聰明的讀者是不難發現其間的規律的！

空間的情形自然要複雜很多。不過，有一點是肯定的：凡是能透過捏橡皮泥的方法變換得到的圖形，一定屬於拓樸同類。一般來說，在拓樸學中數學家們提出的分類依據是，看一個圖形需要切幾刀才能變為像球那樣的簡單閉曲面。例如，一個環面需要切一刀才能變換為球面（環面上的洞對於拓樸學分類的定義來說，只占很次要的地位），而圖 8.7 所示的圖形，則需切兩刀才能變換為球面。數學家們正是根據這種需要切的刀數及曲面的單側性和雙側性，對圖形進行分類的。圖 8.7 中的兩個迥然相異的圖形，在拓樸學中竟然能夠屬於同一類，這大概是許多讀者所萬萬沒有料到的！

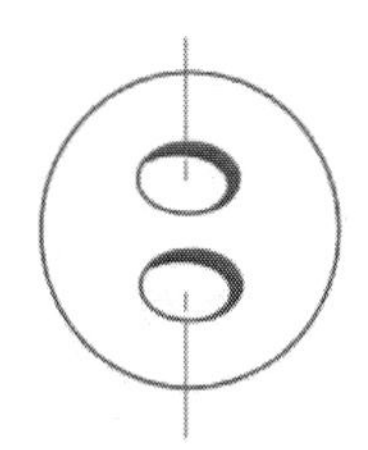

圖 8.7

最後，我想讀者一定很想知道，自己對那道「三環變兩環」的巧捏橡皮泥的問題，解答思路是否正確，圖 8.8 所示的答案可供參照，但願你能成功！

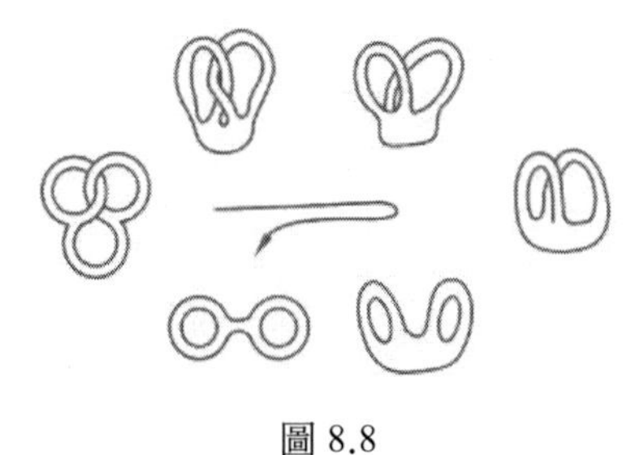

圖 8.8

九、

有趣的結繩戲法

有道是：戲法人人會變，各有巧妙不同。

人們平日見到的戲法，多是採用障眼的手法，透過精巧的道具，嫻熟的手法，用藝術表演的方式，把真相掩蓋起來，使觀眾看到一種扣人心弦而又百思不解的假象！

有一個令人驚心動魄的戲法，差一點獲得世界魔術錦標賽的金獎。這就是法國魔術大師讓·羅加爾表演的「人體三分櫃」。表演時，他請一位腰肢纖細的美貌女郎站在一個櫃內，然後攔腰插進兩塊「鋼刀板」，將女郎橫截三段。隨即他又把中間的一段推向一邊，就像讀者在圖 9.1 中見到的那樣。如果不是因為觀眾親眼見到位於三分櫃外的女郎的頭、手和腳依然還會活動，說不定會有人懷疑，在眼前的舞臺上是否發生了一起凶殺案！其實看一看圖 9.2，讀者緊張的心也就完全釋然了！

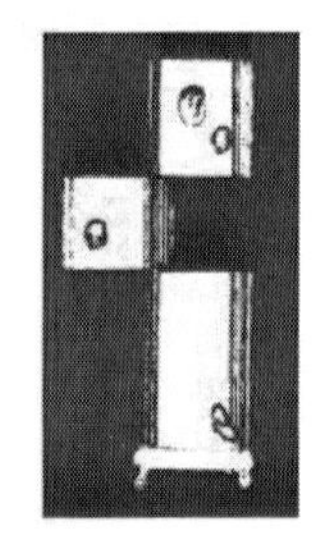

圖 9.1

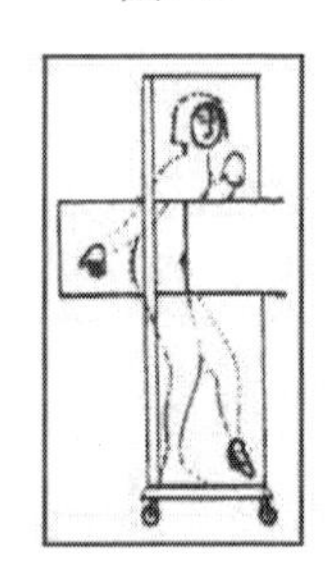

圖 9.2

不過，本節所要講的結繩戲法，卻是一種科學的方法！這裡並不存在假象，所有的結果都是必然的結果，只是複雜的拓樸變換超出了觀眾想像所能達到的程度。

讀者都有這樣的經驗：兩頭接起來的繩子，如果在連線之前沒有打過結，那麼連線之後便不會有結了！ 不過，連線之前如果已經打過結，那麼連線之後，這個結將會永遠存在。

最簡單的繩結有兩種。為了讓讀者看得更清楚，我們特意把這兩種繩結打得非常鬆。正如圖 9.3 所示，這兩種繩結是互為映像的！

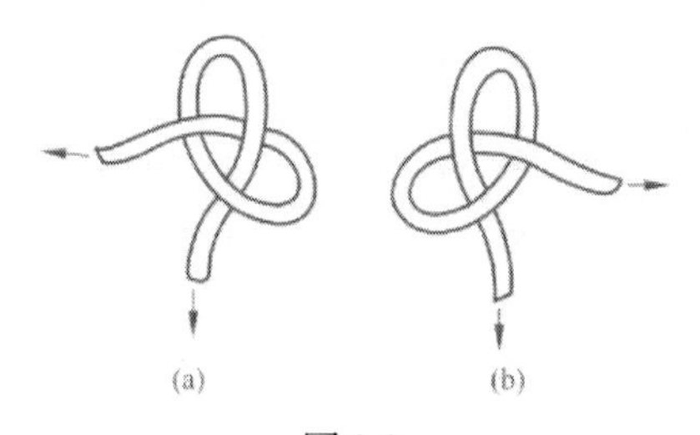

圖 9.3

可能有人以為，把這兩種方向相反的結打在一根繩子上，然後把它們移在一起，便會互相抵消，如圖 9.4 所示。讀者試一試就會知道，這是不可能的！數學家已經找到了嚴格證明這個經驗的方法。

圖 9.4

如圖 9.5（a）所示的 3 個繩環是互相套在一起的。如果剪斷其中的任何一個環，其餘的兩個環仍然互相套著。圖 9.5（b）卻不同，3 個繩環雖然也互相套著，但只要剪斷其中的一個環，3 個環便立即互相脫離。

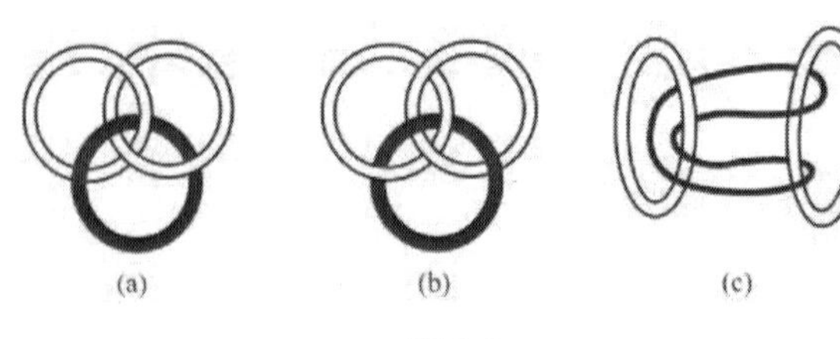

圖 9.5

建議讀者照圖 9.5（b）所示，做 3 個繩圈套，然後把其中不塗色的兩個繩圈用力往外拉，結果黑色的繩圈產生了變形，變成圖 9.5（c）所示的模樣。圖中黑色繩圈的套法，無疑可以如同圖 9.6 所示，一個套著一個，連成一條長長的環狀繩套鏈。我們只要隨便剪斷繩套鏈中的一個繩套，所有的繩套便會「分崩離析」！

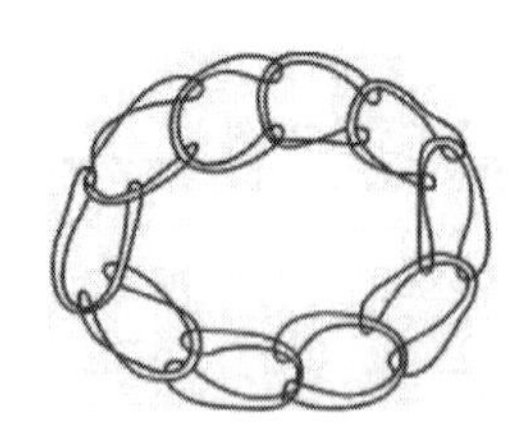

圖 9.6

有一種很著名的打結法叫「契法格結」，這是一種假結，在結繩戲法中常常被使用。契法格結的打法是：如圖 9.7 所示，先打一個正結，再打一個反結，然後像圖 9.7（c）那樣，串繞起來。這時如果抓住繩子的兩頭一拉，立即會恢復成最初未打結時的狀態。

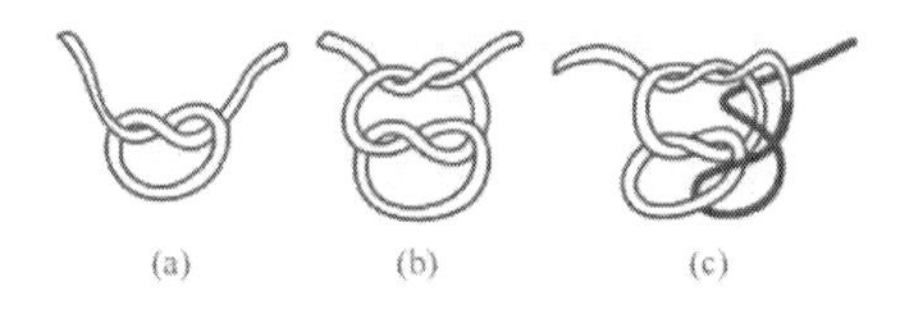

圖 9.7

以下讓我們再欣賞一些有趣的結繩遊戲。讀者很快就會發現，前面學過的拓樸學知識，是怎樣巧妙地融合在這些遊戲裡。

有一個非常簡單的拓樸遊戲，它對鍛鍊人們的思維無疑是有益的。有 6 個一樣的鐵圈用繩子串著，繩子的兩端如圖 9.8 所示，沒有連結在一起。你能把當中的兩個鐵圈取出來，卻又使兩端的鐵圈不脫離繩子嗎？

我想聰明的讀者一定都能想得出來，但我們還是和下面的題目一起，把答案附在本節的末尾。

圖 9.8

另一種非常精巧的結繩遊戲叫「巧解剪刀」。用一根細繩像圖 9.9 所示，拴結在剪刀上。剪刀的搖桿是閉合的，繩子的另一頭連著一個健身圈，其含意是不允許繩頭從剪刀的搖桿中穿回去。請問，在不允許把繩子剪斷的前提下，你能把繩子從剪刀上拿下來嗎？

可能有些讀者對這類問題還不太適應，那就先做下面稍微簡單但卻滿相似的題目吧！可能後者的解決，將增加你解決前者的信心和把握！

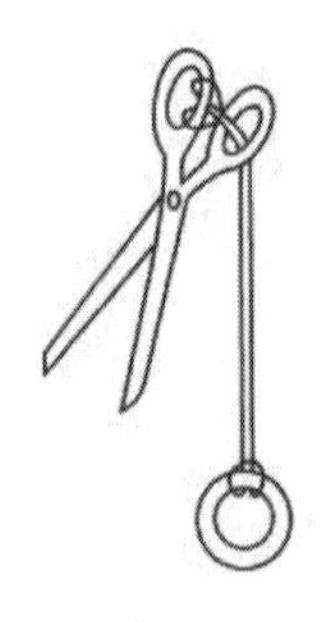
圖 9.9

將一把原子筆用細繩拴一個套，然後如圖 9.10 所示，將它穿過上衣的鈕扣孔，拉緊後變成很像「巧解剪刀」中的那種死扣。現在試著把它解開，這是容易辦到的，因為還原回去就行了！然而這樣的還原，對於「巧解剪刀」問題卻是非常有啟發的。

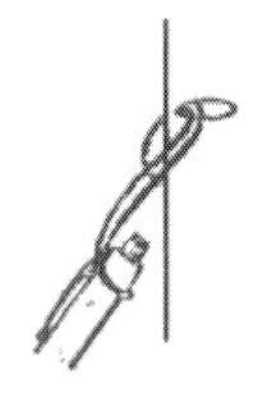

圖 9.10

還有一個可以讓人眼界大開的結繩遊戲。取一條約一公尺長的圓繩，如圖 9.11 所示，把它結成三、四個繩結（一定要照圖樣打結！），然後在下方標有「×」的地方，用剪刀剪斷，現在把繩子向兩端拉直，於是奇蹟出現了：在紛紛揚揚落下一些繩頭之後，眼前又出現了一條完整的繩子！

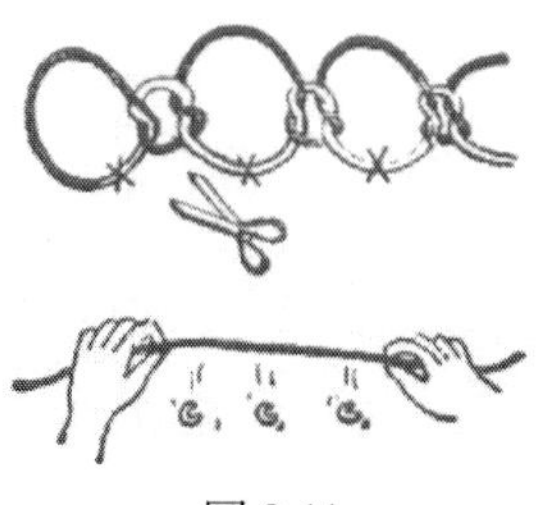

圖 9.11

這一節介紹的許多有趣的遊戲，都可以搬到你參加的晚會上去。我深信，你的精彩表演，一定會引起不小的轟動呢！

【兩個遊戲的答案】

（1）當中取圈。

把繩的兩頭扣起來，將其中一端上的兩個鐵圈通過繩結移到另一端去，然後再將繩子解開，現在取走中間的兩個鐵圈便很容易了！

（2）巧解剪刀。

解法如圖 9.12 所示。

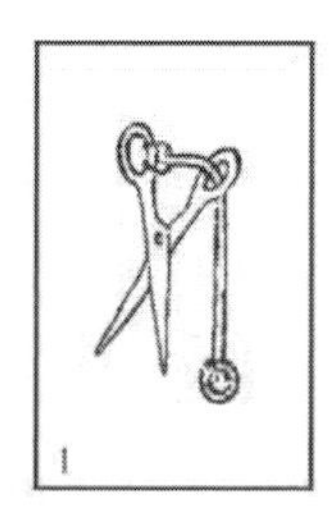

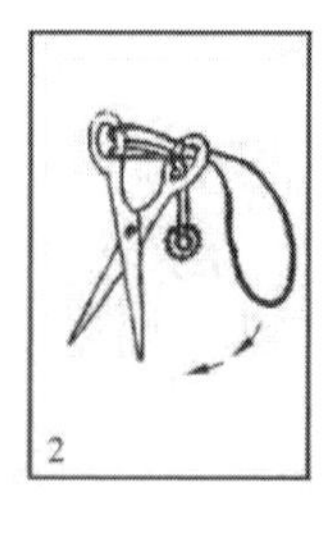

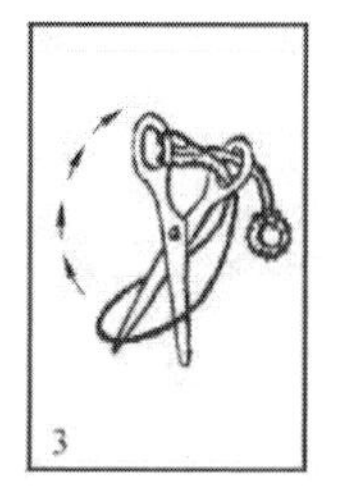

圖 9.12

十、

拓樸魔術奇觀

拓樸魔術一般都有一種奇異的效果：開始時觀眾總覺得不可思議，甚至認為絕不可能！然而，當他親眼看到了，或親手做一做，便心悅誠服了！而且他還切切實實享受到一種成功的歡悅，甚至樂於充當其他觀眾的「小老師」！

紙片上有一個 2 分硬幣大小的圓孔（直徑 21mm），問 5 分的硬幣（直徑 24mm）能通過這樣的圓孔（圖 10.1）嗎？當然，紙片是不允許撕破的！

「大硬幣通過小圓孔？」讀者可能感到不可思議，因為答案幾乎是「明擺著」的，大圓怎麼可能穿過小圓呢？

不過，我要告訴讀者的是，只要硬幣的直徑不超過圓孔直徑的 1.5 倍，上面的要求還是可以做到的。這個簡單拓樸魔術的竅門，只需看一看示意圖（圖 10.2）便會明白。這樣簡單的答案，說不定會引來讀者一聲輕嘆：「原來如此！」

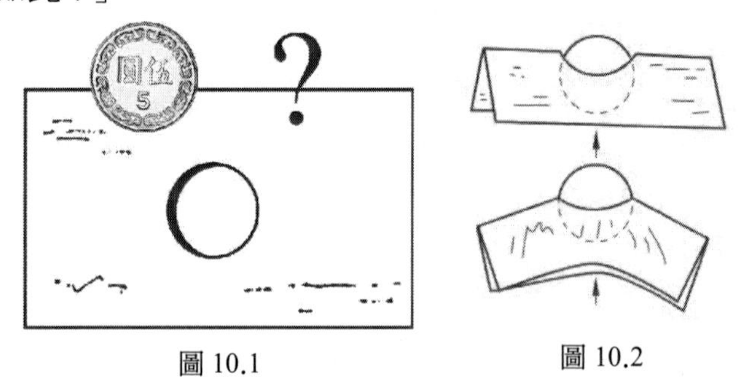

圖 10.1　　圖 10.2

莫里哀（Moliere，1622～1673）是17世紀著名的法國戲劇大師。他曾經寫過以下一段話：

我在巡迴演出中到過法國南部，在那裡看見有一個人，用兩公尺左右長的繩子結成環，套在手腕上，而且這隻手又緊緊地抓住內衣的下襟。他嚴格遵守以下兩條規定：一是繩子既不能解開，也不允許剪斷；二是內衣既不脫掉，也不剪破！但卻沒過幾分鐘，就把套在手上的環繩抽了出來。

莫里哀的這道問題，從表面看，似乎不太可能。然而只要細心觀察一下就會發現，雖然魔術表演者的右手緊緊地抓住背心的下襟（圖10.3），但是背心與人體之間實際上處於分離的狀態。因而套在手腕上的繩子，完全可以利用背心與人體之間的空間，從中抽掉！圖10.4顯示了這個具體的脫離過程。

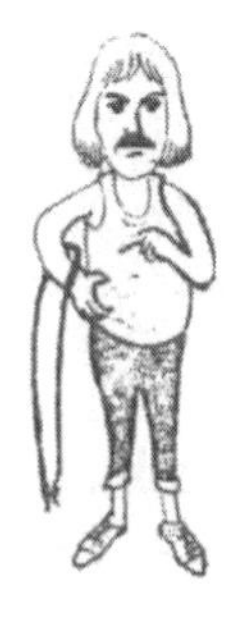

圖10.3

(a)

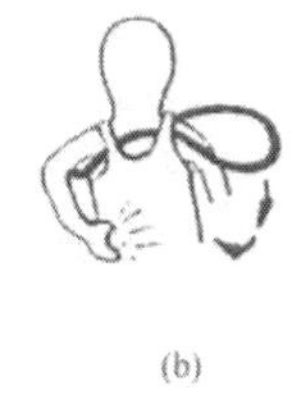

(b)

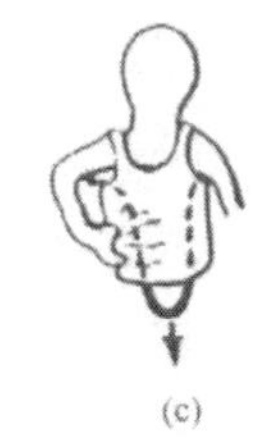

(c)

圖10.4

莫里哀問題若允許脫下背心，則結論會更加明顯些。因為假如表演者把背心脫下，此時無異於在他的手上提了一件背心，又挽了一條風馬牛不相及的繩子。現在想抽出繩子，那是易如反掌的事！

有了莫里哀問題的答案為基礎，讀者探求以下的魔術奧祕，也就不會有太大的困難了！

這個魔術要求表演者穿一件背心和一件外衣。為了表演的方便，也為了讓觀眾看得更清楚，外衣最好不扣釦子。表演的最終目的是，當著觀眾的面，穿著外衣，而把裡面的背心脫掉！這個魔術表演的解答方法，就留給讀者去思考了！

另一個極為有趣的拓樸魔術叫「盜鈴」。一條薄皮帶，上面有兩道縫，下端有一個孔，一條非常結實的繩子，如圖 10.5 所示方法，穿過這些孔和縫，並在兩端繫上兩個大鈴。現在要求把鈴連同繫它們的繩子一起從皮帶裡取下來。

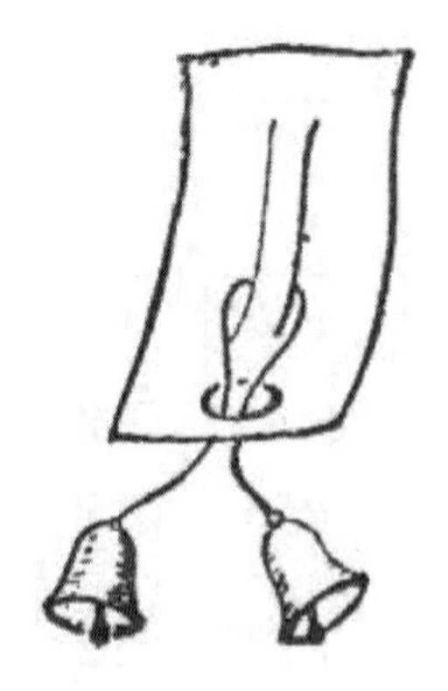

圖 10.5

讀者千萬不要以為這道題是上面「大硬幣過小圓孔」的老調重彈。實際上，這裡的大鈴比小洞要大上許多，想讓鈴穿過洞是絕對不可能的！要解決這道問題，需要克服習慣的偏見。人們把柔軟的繩子與寬皮帶相比，更容易在繩子的移來拖去上動腦筋。其實，這道題需要動的恰恰正是寬皮帶！

在莫里哀的問題中，我們已經埋下了伏筆。在那個問題中，我們曾經介紹過一種繩子不動、背心動的方法。這種方法正是出自一種破除常規的思想。魔術「盜鈴」用的也是這種異乎尋常的想法，其最精彩之處在於，把人們最不願意變動的皮帶，如圖 10.6 所示變形，讓皮帶中兩條縫間的窄長小帶，通過小孔穿到下方去，而繩子卻在原位掛著！至於接下來的脫鈴問題，無疑已經迎刃而解了！

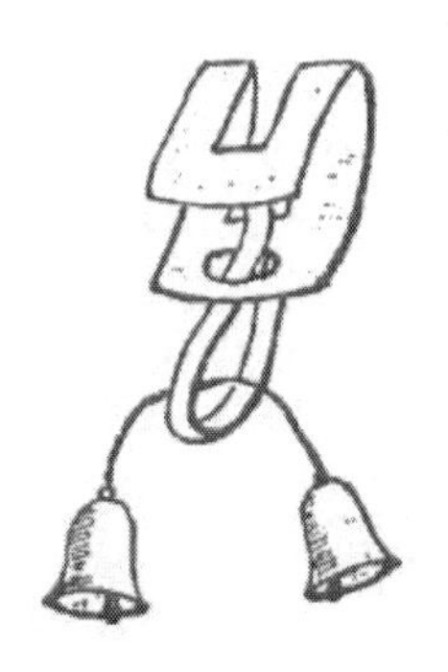

圖 10.6

還有一種頗為新穎的拓樸魔術，它與一則扣人心弦的故事相關。從前有一位國王，他把兩名反對者以莫須有的罪名抓進監獄。獄中牢房的牆根有一個小洞，一個人可以爬過。為了防止犯人逃跑，國王命人用手銬和鐵鏈把兩人的手，如圖 10.7 所示，互相套著、鎖在一起。現在，這兩位反對者面臨的問題是，如何使兩人分開，然後通過小洞一個個逃出去？

圖 10.7

親愛的讀者，在這生死關頭，你願意用自己的智慧幫助這兩位無辜的犯人嗎？

可能你已經想出方法了，這是應該值得慶賀的！假如你一時還沒想出來，那就請看一看圖 10.8 吧！它提示我們，甲應該把自己手銬上的鐵鏈，如圖所示，從乙的手銬縫隙中穿過去，然後再套過乙的手，這樣兩人就可以分開了！

下面是一個在拓樸魔術中的節目，叫「巧移鑰匙」。如圖 10.9 所示，一根細繩與木條繫在一起，在繩子靠右的一段穿著一個鑰匙。木條中間的大孔比鑰匙小，鑰匙不可能從大孔中穿過！現在要求把右邊的鑰匙巧妙地移到左邊去。當然，在移動過程中，是不允許解下或剪斷繩子的，也不能撕裂或損壞木條！

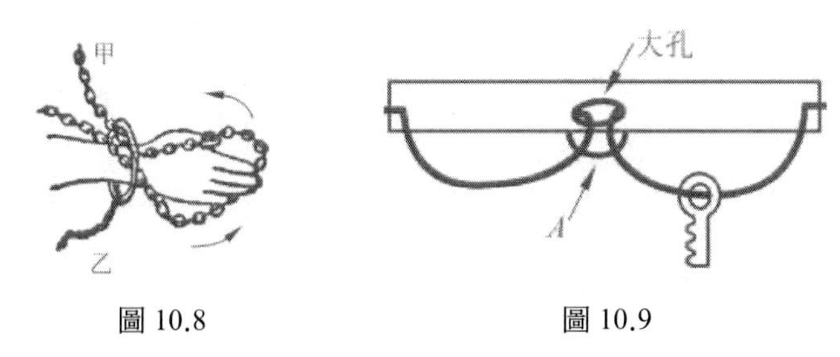

圖 10.8　　　　　　　　圖 10.9

這個有難度的魔術表演，過程如圖 10.10 所示。不過，光靠看圖似乎還不夠，最好能自製一副道具，照著圖反覆練習。

如圖 10.10（a）所示，先把繩環 A 往下拉，使之擴大，並把鑰匙穿過 A 環；接著，用手捏住 B 繩和 C 繩，一同向下拉，直至把木條下面的繩子通過大孔，從後面拉到前面來，形成圖 10.10（b）的 B、C 兩個繩環；現在我們把鑰匙一起穿過 B、C 兩個繩環，使之像圖 10.10（c）所示移到左邊來；然後從大孔的後面，把繩環 B 和繩環 C 一同拉回去，再向下拉動繩環 A，使其擴大；最後再像圖 10.10（d）所示，把鑰匙從繩環 A 中穿過去；現在拉緊繩子，鑰匙就在左邊了！

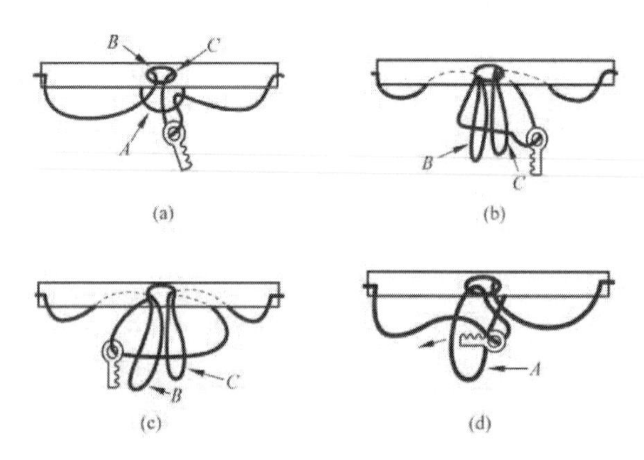

圖 10.10

最後讓我們看一個類似的問題，如圖 10.11 所示，它與上面問題不同的地方在於，原來繫在木條上的繩頭，現在改為穿過兩個小孔；繩端繫著大鈕扣，為的是防止繩子脫落。魔術同樣要求把鑰匙移到左邊。不過，這個問題有簡單得多的方法呢！此方法有一點像「犯人逃脫」故事中用的手法，具體解答方法就留給讀者去思考吧！

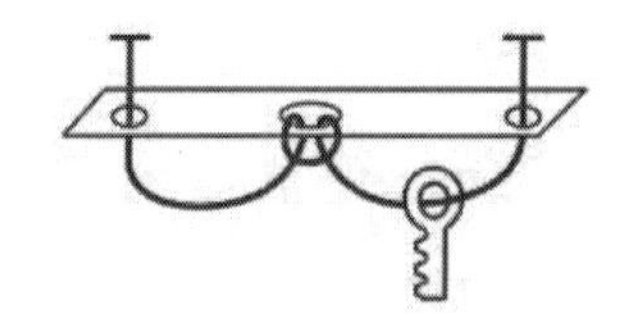

圖 10.11

十一、

巧解九連環

在眾多的科學玩具中，九連環算是一種難得的珍品！

九連環由 9 個相同的、一個扣著一個且帶著活動柄的金屬環，以及一把劍形的框套組成。所有金屬環上的活動柄，都固定在一根橫木條上。遊戲者的目的，是要把 9 個金屬環逐一地從劍形框套中拿下來，形成環和框分離的狀態；或者從分離的狀態出發，恢復成圖 11.1 所示的一環扣一環的樣子。

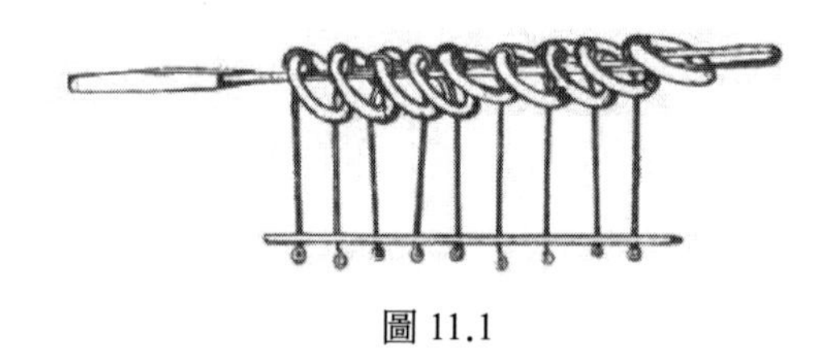

圖 11.1

九連環是一種值得收藏的益智玩具。建議讀者買一把小學生用的短木尺及 9 個鑰匙環，再找幾段鐵絲，模仿圖 11.1 的樣子，做一個九連環。我想，這個由你親手製作的玩具，其受益者肯定不止你一個！

九連環在中國民間流傳極廣，大約在 16 世紀以前，便已傳至國外。在國外，九連環的記載，最早見於 1550 年出版的、著名義大利數學家吉羅拉莫．卡丹諾（Girolamo Cardano，1501 ～ 1576）的著作，卡丹諾稱之為「中國九連環」。1685 年，英國數學家瓦里斯對九連環做了詳細的數學說明。19 世紀的格羅斯，用二進位數給九連環一個十分完美的解答。

以下讓我們研究一下解九連環的一些規律。為方便起見，我們把拿下 k 個環所需要的基本動作數記為 f（k）。如圖 11.2 所示的兩種脫環手法，每一種我們都稱為一個基本動作。

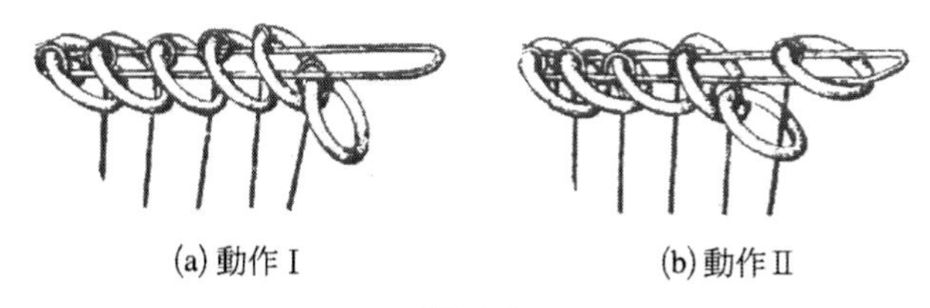

(a) 動作 I　　(b) 動作 II

圖 11.2

很顯然，拿下一個環只需要一個基本動作 I［圖 11.2（a）］，即

$$f(1) = 1$$

而拿下兩個環，則需先把第二個環退到劍形框下［基本動作 II，見圖 11.2（b）］，然後再拿下第一個環（基本動作 I），因此共需兩個基本動作，即有

$$f(2) = 2$$

為了求得 f（n）的一般表示式，今設前 k 個環已用 f（k）次的基本動作拿下。現在，用基本動作 II 把第 k ＋ 2 個環退到劍形框下；接下去用 f（k）次基本動作，將原本已經拿下的 k 個環還原；最後再用 f（k ＋ 1）次基本動作，把前 k ＋ 1 個環拿下。如圖 11.3 所示。

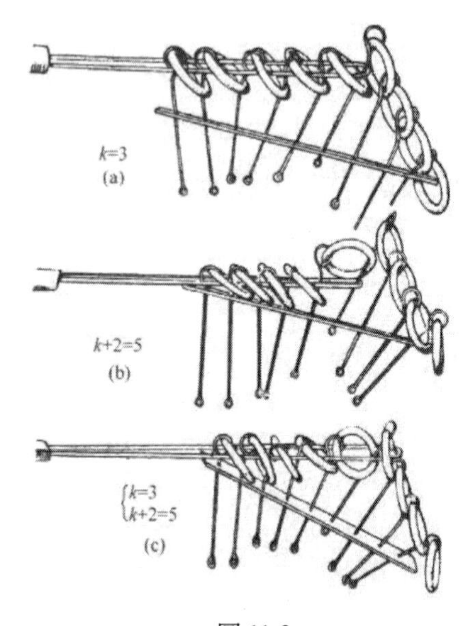

圖 11.3

以上的一連串動作，顯然對已拿下的第 k ＋ 2 個環毫無影響。因此，此時我們實際上已經把前 k ＋ 2 個環拿了下來。注意到拿下前 k ＋ 2 個環所需的基本動作數為 f（k ＋ 2），從而有

$$f(k+2) = f(k) + 1 + f(k) + f(k+1)$$
$$= f(k+1) + 2f(k) + 1$$

把上式變形為

$$[f(k+2) + f(k+1)] = 2[f(k+1) + f(k)] + 1$$

令 $u_k = f(k+1) + f(k)$

則 $u_{k+1} = 2u_k + 1$

同理 $2^2u_{k-1} = 2^2u_{k-1} + 2^2$

⋮

$2^{k-1}u_2 = 2^ku_1 + 2^{k-1}$

將以上 k 個等式相加，並消去等式兩端相同的項，得

$$u_{k+1} = 2^ku_1 + (1 + 2 + 2^2 + \cdots + 2^{k-1})$$

因為 $u_1 = f(2) + f(1) = 2 + 1 = 3$

所以 $u_{k+1} = 3 \cdot 2^k + 2^k - 1 = 2^{k+2} - 1$

這樣，我們便有以下兩個關於 f（k）的遞推式子：

$$\begin{cases} f(k+2)+f(k+1)=2^{k+2}-1 \\ f(k+2)-f(k+1)=2f(k)+1 \end{cases}$$

將以上兩式相加得

$$f(k+2)=f(k)+2^{k+1}$$

當 k = 2m 時，

$$\begin{aligned} f(2m+2) &= f(2m)+2^{2m+1} \\ &= f(2m-2)+2^{2m+1}+2^{2m-1} \\ &= f(2)+(2^{2m+1}+2^{2m-1}+\cdots+2^{3}) \\ &= 2+2^{3}+2^{5}+\cdots+2^{2m+1} \\ &= \frac{2}{3}(2^{2m+2}-1) \end{aligned}$$

即此時有

$$f(k)=\frac{2}{3}(2^{k}-1)$$

同理，當 k = 2m + 1 時有

$$f(k)=\frac{1}{3}(2^{k+1}-1)$$

綜上，對於任意的自然數 n，我們有

$$f(n)=\begin{cases} \frac{1}{3}(2^{n+1}-1) & \text{（n為奇數）} \\ \frac{2}{3}(2^{n}-1) & \text{（n為偶數）} \end{cases}$$

由以上公式，可以計算出九連環數列{f（k）}：

1，2，5，10，21，42，85，170，341

因此，要做到使九連環的9個環與劍形框柄脫離，必須進行341次基本動作。由於脫環的過程必須做到眼、手、腦並用，而且基本動作之多，少說也要花上5分鐘的時間，所以從事這項遊戲，對人們的智力和耐性，都是一個很好的鍛鍊！

需要提及的是，中國民間另有一種叫「九連環」的傳統戲法。那是將9個金屬環（直徑約7吋，即17.78cm）熟練運用的技法，或分或合，甚至能套成花籃、繡球、宮燈等樣子。這與本節講的九連環有著本質的不同，前者屬單純的魔術，後者是嚴謹的科學！

十二、

抽象中的具象

1912 年，荷蘭數學家布勞威爾（L. E. J. Brouwer，1881 ～ 1966）證明了一個重要的定理：把一個集合變為其子集合的連續變換，必然存在一個不變動的點。

布勞威爾的不動點原理雖然很抽象，但在現實中卻不乏一些具體的例子。

一位老師帶學生到寺廟去參觀一口吊著的大鐘。老師鑽進鐘內觀察，一名調皮的學生想嚇老師，於是用撞鐘木撞了一下大鐘。結果老師沒被嚇到，這名學生自己反倒被震耳的鐘聲嚇了一跳！

原來，老師所處的位置恰是聲波的不動點。這與用木棍攪動一盆水的道理一樣，四周的水都飛快地旋轉，而盆中央的水卻保持靜止。

布勞威爾定理中講的連續變換，當然不一定是一對一的拓樸變換，但用橡皮膜的收縮來說明抽象的不動點概念，卻是很具體的。

事實上，設想一塊由橡皮膜做成的平面區域 Ω，在橡皮膜收縮後，縮為 Ω 內部一個小區域 Ω1；而原本平面的小區域 Ω1，在橡皮膜收縮後，縮為 Ω1 內部的一個小小區域 Ω2；而原本平面的小小區域 Ω2，在橡皮膜收縮後，則縮為 Ω2 內部的一個更加小的區域 Ω3……如此一系列區域所包含的公共點 P，便是在橡皮膜收縮後仍占據原來位置的點，即所述拓樸變換的不動點。如圖 12.1 所示。

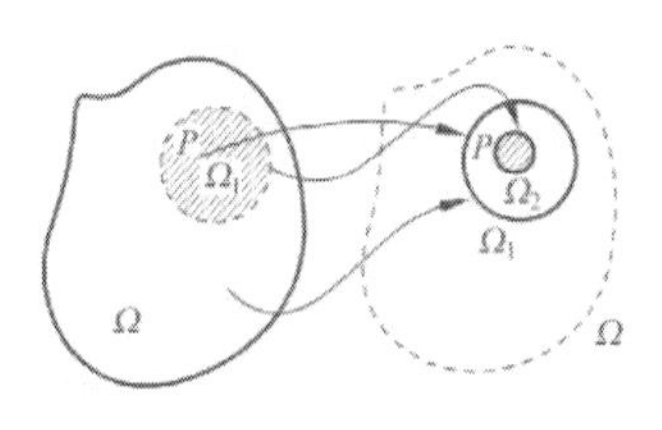

圖 12.1

以上證明的結果，還可以用下面近乎遊戲的方法表述得更加生動，使抽象的不動點躍然於一個棋盤之上！

如圖 12.2 所示，把棋盤視為已知區域，某個連續變換把該區域變換成棋盤的某個部分。假定棋盤上的點 P 變換後成為 Q，則由 P 點發出的向量 $\overrightarrow{PQ}$ 可以具象地看成是由 P 點朝 PQ 方向長出的一根「毛髮」。於是，整個棋盤格便可以看成被密密麻麻的「毛髮」覆蓋。如果格子裡毛髮的朝向全都偏東，我們就稱這樣的格子為「東格」；如果格子裡毛髮的朝向全都偏西，我們就稱之為「西格」；如果格子裡的毛髮朝向既有偏東的，又有偏西的，我們稱之為「中格」。很明顯，「東格」和「西格」既不能比鄰，也不能有一個公共點。否則它們公共點的毛髮的朝向便無法確定！因此，無論是東格區域或是西格區域，其本身必然連成一片，而各個區域的周圍又必然被「中格」所包圍。由於最左邊的一列格子顯然不可能是西格，而最右邊的一列格子也不可能是東格，從而必定存在著一條連結上下邊的、由中格組成的通道。現在，沿著這條通道畫一條連結上下邊的曲線，如圖 12.3 所示。

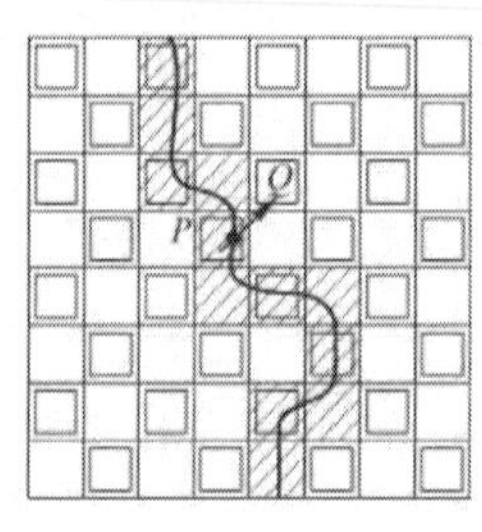

圖 12.2

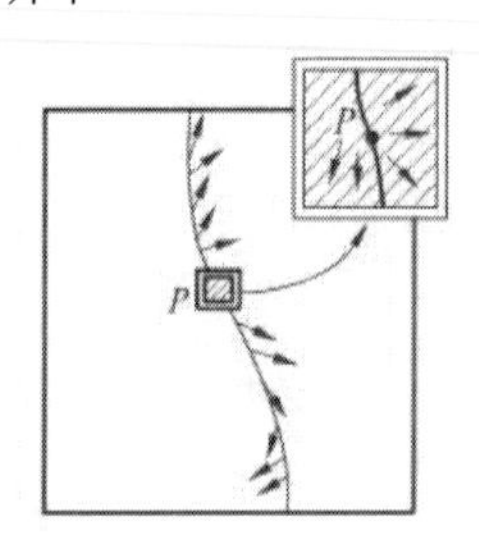

圖 12.3

我們容易明白，這條曲線上的毛髮方向不可能都朝上或都朝下，不然的話，邊界上的點變換後便會跳出棋盤外，這當然是不允許的！從而在這條直線上，至少存在一個點，在這一點上，毛髮的方向是水平的！

此外，對任意的中格來說，其中的點的毛髮方向，既有偏東的，又有偏西的。那麼由於毛髮方向的連續性，就一定可以找到豎直方向的毛髮。

以上事實顯示：存在這樣的中格，它上面既有水平方向的毛髮，又有豎直方向的毛髮，而且這個事實與棋盤格子的大小無關。因此我們不妨設想，原先棋盤的格子就已分得非常細，每個格子都非常小。而在這很小的格子裡，毛髮的方向竟然發生急遽的變化，這只能說明這個格子中的毛髮是非常短的！當棋盤格子分得無限細時，我們就得到了一點 P，在這一點處，毛髮的長度為 0。這個 P 點就是我們要找的不動點！

以上證明最直接的推論便是：一個毛球不可能作為整體被梳順，它至少存在一個漩渦點。或者更具體地說，在任何時刻，地球上一定有一個地點，在這個地點是沒有風的！

圖 12.4 是一個毛球的正反兩面，正面已被梳順，反面的漩渦清晰可見！

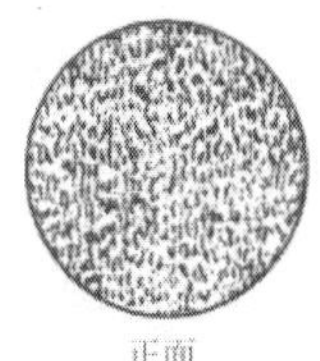

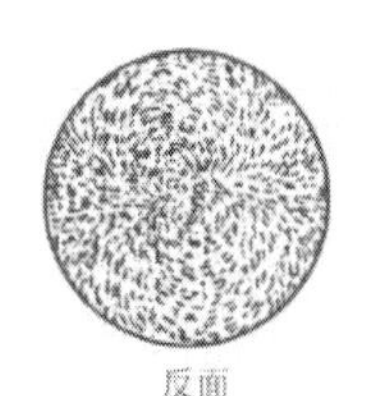

圖 12.4

數學理論的表述往往是很抽象的，而圖形則以其生動的形象展現於人們的面前。1874 年，當喬治．康托（George Cantor，1845 ～ 1918）首次提出集合論時，許多人感到難以理解，甚至把這個理論形容成「霧中之霧」。然而，英國邏輯學家約翰．維恩（John Venn，1834 ～ 1923）卻建議用簡單的圓表示集合，並用兩圓相交的公共

部分來表示兩個集合的交集，還用圖形表達兩個集合或三個集合間的種種關係。這種抽象中的具象，使深奧的集合理論一舉變得通俗易懂！

圖 12.5 是維恩用來表示兩個集合 A、B 之間的關係圖，這些形象的圖形，就連小學生也不難理解！

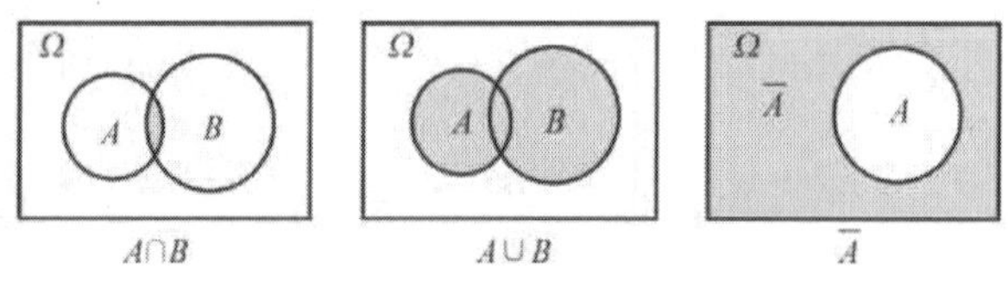

圖 12.5

單側曲面無疑是很抽象的。1858 年，莫比烏斯用一條經過扭轉後黏合的紙帶，使人們直觀地看到了這種奇異的曲面。而 1882 年，克萊因把兩條莫比烏斯帶黏合成一個有趣的「怪瓶」，而這隻怪瓶又讓我們發現了三維單側曲面的許多奇妙特性！

把抽象的東西具象化，又透過直觀的具象來深化抽象的內容，這大概是數學教學的真諦。因為，是謀求具象中的抽象，還是謀求抽象中的具象，正是數學研究與數學教學的分水嶺！

十三、

中國古代的魔術方塊

1974 年，匈牙利首都布達佩斯的一位建築學教授魯比克·厄爾諾，出於教學的需求，設計了一個工程結構。這個結構十分奇特：26 個稜長為 1.9cm 的小立方體，能自由地圍繞一個同樣大小的中心塊轉動；其中的邊塊和角塊可以分別轉至任何其他邊塊和角塊的位置。為了區分這些小方塊，魯比克·厄爾諾教授在這些小方塊的表面上貼了不同顏色的塑料片，使人們能一目了然地看清這些小方塊的位置移動。這就是世界上的第一個魔術方塊（圖 13.1）。

圖 13.1

玩魔術方塊的基本要求是，當魔術方塊各個面上的顏色弄亂後，用盡可能少的動作，使之恢復原位。

1977 年魔術方塊開始出現於市場，旋即風靡全球。它幾乎傳遍世界的各個角落，使許多人為之如痴如狂！不僅如此，類似魔術方塊的科學玩具，諸如魔棍、魔圓、魔星、魔盤等也應運而生。

魔術方塊這種玩具，為什麼會有如此大的生命力呢？原因在於它有約 4.3×10^{21} 種變化，能讓人百玩不厭。

可是，讀者可能沒有想到，早在 2,000 多年前，就已創造出類似魔術方塊、勝似魔術方塊的科學玩具了！

傳說在春秋時期（西元前770～前476）的魯國，有一個叫魯班（西元前507～前444）的能工巧匠，他為了測試自己的孩子是否聰穎，經過精心的構思，製造出一種叫「六通」的科學玩具（圖13.2）。「六通」是由6塊大小一樣、中段有不同鏤空的正四角柱形木塊組裝成的一個牢固的木結構。

圖 13.2

一天傍晚，魯班把兒子叫來，當著兒子的面，把「六通」拆開，要求他在第二天黎明前把拆開的「六通」重新組裝起來。

魯班的兒子非常聰明，但他仍為組裝「六通」而忙碌了整整一夜。皇天不負苦心人，魯班的兒子終於在翌晨曙光初照之前，把「六通」重新組裝好。

「六通」結構嚴密、科學性強，比魯比克．厄爾諾的魔術方塊更富有立體感。它具有約300萬種不同的可能組合，其中只有一種組合可以成功。如果有人想把所有可能組合都試一遍，那麼，即使是一秒鐘試一種，也需要夜以繼日地試幾個月。

如果具有三、四十年歷史的魔術方塊可以算是科學玩具的話，那麼經歷了2,000個春秋的「六通」，真可算得上是科學珍品了！「六通」，這個古代的魔術方塊，也和許多被世人矚目的創造和發明一樣，閃爍著智慧的光芒！

那麼，「六通」的神奇結構是怎樣的呢？

請你先按圖 13.3 所示，自己製作一副「六通」吧！

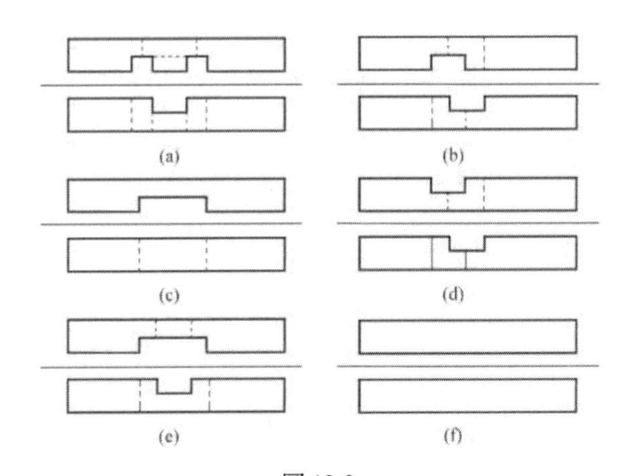

圖 13.3

親愛的讀者，如果你是首次接觸「六通」，並能在 3 小時內獨立組裝好，那麼你應當受到稱讚；如果你能在 2 小時內組裝好，你應當為自己的想像力和超人的智商感到驕傲！可不是嘛！魯班兒子還用了差不多七、八個小時呢！

不過，假如你長時間組裝「六通」，但還未能成功，請千萬不要氣餒。因為這並不能說明你智慧和能力的不足，而只是在摸索的方法上出現了某些偏差罷了。請不要過度浪費自己寶貴的時間，看一看下面的直觀圖吧（圖13.4）！它將使你了解組裝「六通」的正確思路。圖中木條旁邊的數字，代表著檢視中相應的木塊。

親愛的讀者，當你如圖 13.4 依次把 5 條小木塊裝上之後，將會驚奇地發現一個方形的空洞，接下來只需再把剩下的一塊實心木條塞進這個洞裡再頂平，神奇的「六通」也就組裝好了！

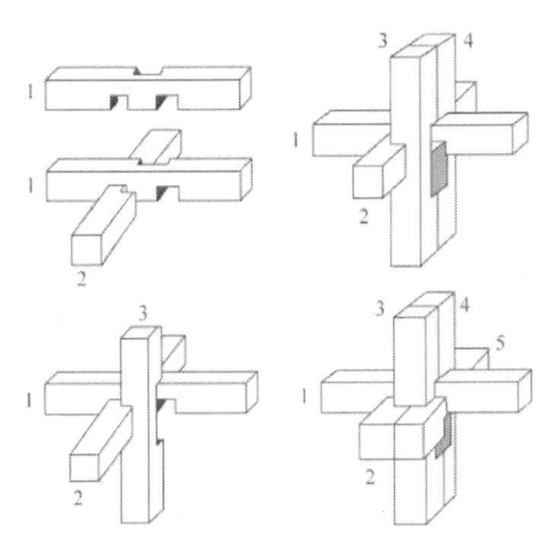

圖 13.4

十四、

十五子棋的奧祕

有一種與魔術方塊親緣甚密的圖形還原遊戲，叫「十五子棋（雙陸棋）」（圖 14.1）。在有 16 個方格的盒子裡，裝著 15 塊標有從 1 到 15 的數字的小方塊，並留有一個空格。開始時，小方塊是隨意地放進盒子裡的。遊戲的要求是，有效地利用空格，移動小方塊，使盒子上方塊的數字還原到如圖 14.2 所示的正常位置。現在的問題是，有可能嗎？

2	13	7	14
11	■	1	4
6	12	10	5
15	9	3	8

圖 14.1

1	2	3	4
5	6	7	8
9	10	11	12
13	14	15	■

圖 14.2

這是一個相當簡單的遊戲，幾乎人人一看就會明白。然而有時我們能夠輕易獲得成功，但有時無論我們做怎樣的努力，卻無法成功！那麼，奧妙究竟在哪裡呢？

可能讀者已經注意到，空格是能夠移動到盒子任何位置的。我們也很容易利用空格，把方塊1、2、3依次移動到各自正常的位置上去。不過，當這 3 個方塊安頓好之後，想不動方塊3而把方塊4也移到正常位置上，卻似乎有些為難。不過，用圖 14.3 所示的方法，我們就能做到這一點。這裡需要移動的只是一塊 2×3 方格的區域；而且很顯然，只要有一塊 2×3 的方格區域，就一定能夠做到這一點！方塊[3]雖然動了一下，但後來又恢復到原先的位置，如圖 14.4 所示。

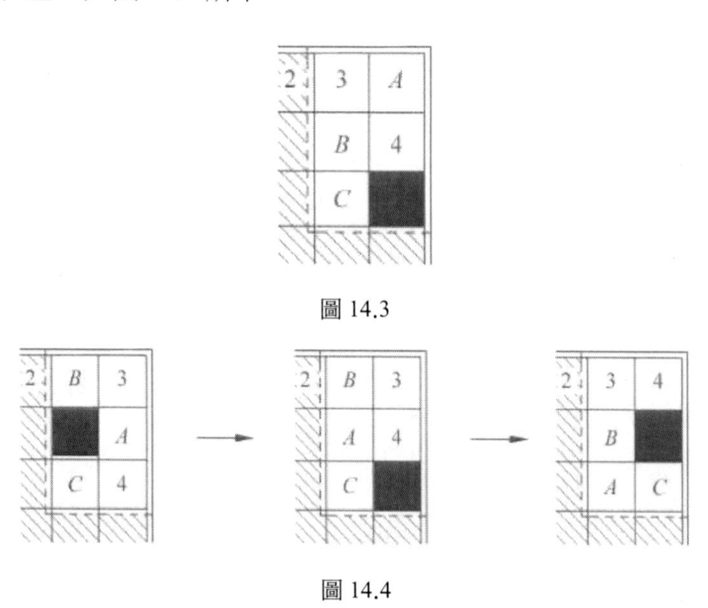

圖 14.3

圖 14.4

現在方塊[1]、[2]、[3]、[4]已經在正常的位置上，接下去方塊[5]、[6]、[7]、[8]也可以同樣恢復到正常位置。再接下去，我們還可以把方塊[9]和[13]移到各自正常的位置上。此時我們仍有 2×3 方格的地盤，正如前面說過的那樣，在這個區域，我們依然可以把方塊[10]和[14]各自安放在正常的位置上。

至此，我們已經安放好了 12 個方塊，它們都已被放在各自正常的位置上。剩下的位置是 3 個方塊[11]、[12]、[15]和 1 個空格。我們可以輕易地把[11]移到自己的位置，而把空格移至盒子的右下角。這時可能出現兩種形式，如圖 14.5 所示。

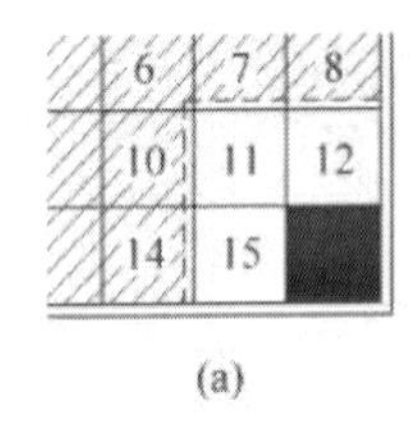

(a)

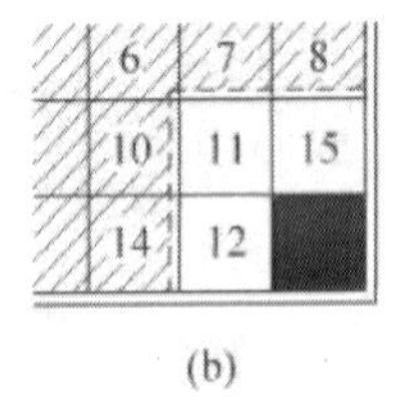

(b)

圖 14.5

第一種是圖 14.5（a）所示的形式，此時所有的方塊都已在正常的位置上，這表示我們已經成功。第二種是圖 14.5（b）所示的形式。現在的問題是，圖 14.5（b）的形式還能不能移動變為圖 14.5（a）的形式呢？

答案是否定的！

事實上我們可以把所有盒子裡的方塊視為一個數的順列，而把空格當成數 16。這樣，圖 14.5（a）的順列為：

1，2，3，4，5，6，7，8，9，10，11，12，13，14，15，16

而圖 14.5（b）的順列則為：

1，2，3，4，5，6，7，8，9，10，11，15，13，14，12，16

現在讀者看到，圖 14.5（b）的順列與圖 14.5（a）的正常順列相比，其中有些數字的位置被打亂了，有些大的數跑到小的數前面，這種現象我們稱為「逆序」。逆序可以採用點數的方法算出來。例如圖 14.5（b）的順列，前 11 個數都沒有出現逆序，而後面的 5 個數為：

15，13，14，12，16

其中 15 跑到 13、14、12 這 3 個較小數的前面，因而出現了 3 個逆序，而 13、14 跑到 12 的前面，這裡又出現了兩個逆序。此外再也沒有其他逆序了。因此圖 14.5（b）的順列共有 5 個逆序。

稍微認真分析一下，讀者便會發現，在「十五子棋」中，方塊和空格的移動，都不會引起原先順列逆序的奇偶性改變！由於圖 14.5（a）的順列為偶逆序，而圖 14.5（b）的順列為奇逆序，因而圖 14.5（b）的形式是不可能透過方塊棋子的移動而變為圖 14.5（a）形式的。這就是為什麼「十五子棋」有時能夠成功，但有時不能成功的道理！

圖 14.6 是一道練習題，請讀者用逆序的理論判定一下，這些方塊是否能夠移動到正常的位置？

■	1	2	3
4	5	6	7
8	9	10	11
12	13	14	15

圖 14.6

一種遊戲之所以使人感興趣，在於玩家經一番努力思考之後，能突然間享受到成功的歡悅。如果一種遊戲一開始便得知最終結果，自然也就乏味多了。這大概既是數學的缺點，也是數學的偉大。

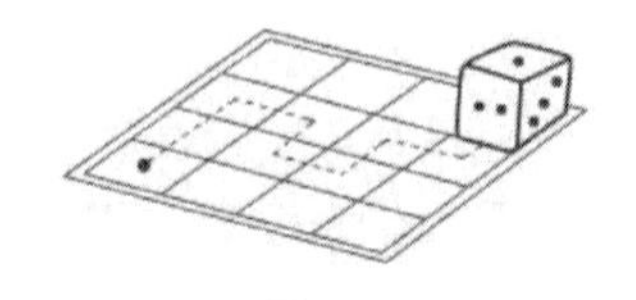

圖 14.7

圖 14.7 是一個跟「十五子棋」一樣在 4×4 方格棋盤上進行的遊戲。一個每個面都與方格一樣大小的骰子，放在右上角，點數⚀朝上。現在讓骰子在棋盤上一格一格

地翻動，不許滑動也不許提起，要求最後翻到左下角，並使點數⊡與圖中的圓點重合。圖中的虛線表示只要翻動 8 次便能達到目的。這大概是所需的最少次數了！親愛的讀者，你能用自己的智慧，對這個似乎乏味的遊戲進行數學上的分析嗎？

還有一種精妙絕倫的玩具，叫「三國棋」，又稱「華容道」，它也是一種在方形棋盤上移動的遊戲。這個遊戲與小說《三國演義》中一個膾炙人口的故事有關。

在小說《三國演義》中有一個精彩的片段，叫「智算華容」。這一段說的是，七星壇諸葛祭風，三江口周瑜縱火，火燒連營，曹操數十萬軍馬毀於一旦，只落得帶領幾騎護衛倉皇逃命！話說諸葛亮算定曹操必然往華容道方向逃竄，便派趙雲、張飛，配合東吳大將黃蓋、甘寧，沿途圍追堵截。諸葛亮又立下軍令狀，命關雲長扼守華容道，務將曹操擒拿到手。一切都準確地照著諸葛亮的神算成為現實。最後，當曹操逃至華容道時，「義重如山」的關雲長卻抵不住曹操的「情義經」，最後把他放走了……

精妙的「三國棋」就是根據這段故事設計的，其構造如圖 14.8 所示。在 5×4 格的方盒裡，放上 10 個大小不等的木塊，各木塊上寫有兵將的名字。其中，代表曹操的方塊最大，為 2×2 格；兩旁豎放的 1×2 格木塊，代表圍追堵截的四將；中間橫著的 2×1 格木塊代表關雲長；關雲長下面是 4 個 1×1 方格的小兵；小兵下方是一個兩格單位長的開口；此外，方格中還有兩個空格。遊戲要求，不取出木塊，僅在方盒中移動各木塊，最後使「曹操」得以從開口處「逃命」（即移動出去）。

這個遊戲既有趣，又有很大的難度，至少需要 81 次移動，才能讓「曹操」逃脫。不過 81 這個數字，只是無數實踐對我們的提示！它是不是最少的移動次數，至今仍然是一個謎！①建議讀者用紙板自製「三國棋」。說不定這個遊戲可以伴你度過幾個難忘的週末。

①有消息報導，美國人利用電腦，用「窮舉」的方法，發現「81」是標準華容道遊戲所需要的最少步數，但時至今日，人們仍呼喚「紙質證明」的誕生！

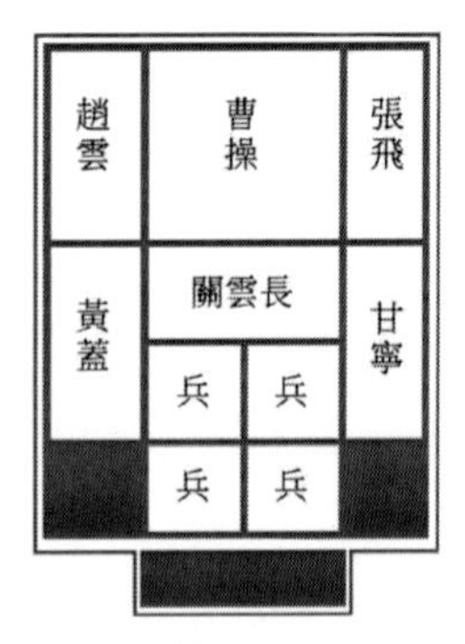

圖 14.8

圖 14.9 是這個遊戲的解答提示，圖中標出關雲長和曹操應走路線的示意。讀者只有親自實踐，才能體會到這種圖形提示的含義和作用。至於它們的數學意義，就留給讀者們去「智者見智」了！

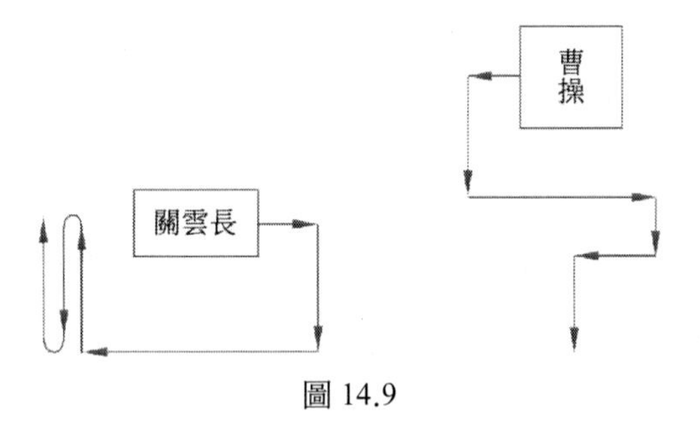

圖 14.9

十五、

剪刀下的奇蹟

著名數學家華羅庚（1910～1985）教授曾用一道簡單而有趣的問題做引子，介紹一門新興的數學分支——統籌方法。

問題是這樣的：想泡茶，但當時的情況是，沒有開水，開水壺要洗，茶壺、茶杯要洗，火已生了，茶葉也有了，怎麼辦？

方法當然有，例如：

方法一。先洗開水壺，注入涼水，放在火上；然後坐等水開，水開後立即洗茶壺、洗茶杯，拿茶葉，泡茶喝。

方法二。先洗開水壺、茶壺、茶杯，並拿來茶葉；一切就緒後，再注水、燒水，坐待水開後，泡茶喝。

方法三。先洗開水壺，注入涼水，放在火上；在等待水開的時間裡，洗茶壺、洗茶杯、拿茶葉，水一開就泡茶喝。

我想聰明的讀者都已看出，第三種方法最好。前兩種方法都「安排不當」，造成了時間上的浪費。

仔細分析一下就會知道，在要做的許多事中，有些事必須做在另一些事的前面，而有些事則一定要做在另一些事的後面。舉例來說，不洗開水壺，即使水燒開了，衛生沒有保證，當然是不可取的。因此，洗開水壺是燒開水的先決條件。同樣，燒開水、洗茶壺、洗茶杯、拿茶葉都是泡茶的先決條件。在圖 15.1 中，可以讓人一目了然地看清楚各事件間的先後順序和相互關係。箭頭線上的數字表示完成這個動作所需要的時間（圖中單位：分鐘）。

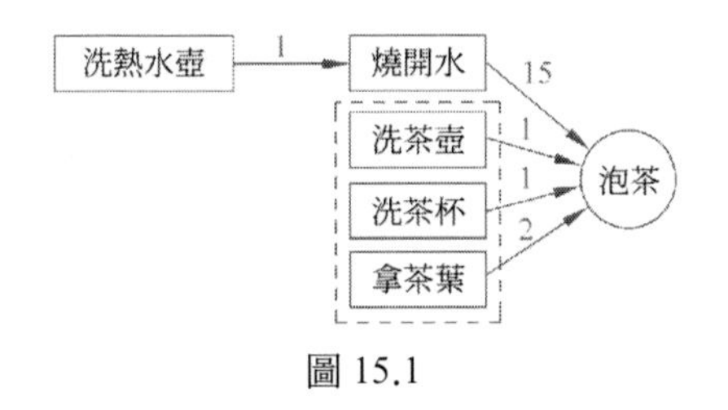

圖 15.1

用數字表示任務，並把本身沒有什麼先後順序，且同一人做的工作合併起來，便有這種箭頭圖，我們稱為「工序流程圖」（圖 15.2）。當然，華羅庚教授所舉例子中的工序流程圖是極為簡單的！在一般情況下，需要完成的任務很多，內部關係縱橫交錯，因而工序流程圖也就比較複雜。

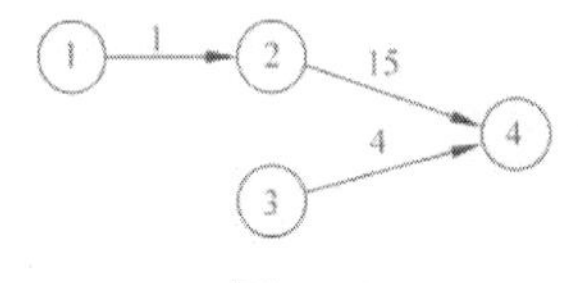

圖 15.2

對一項工程來說，一個很主要的指標是，完成它需要多長時間？例如上面泡茶的例子，完成它至少需要 16 分鐘。這是根據用時最長的一條工序流程①$\xrightarrow{1}$②$\xrightarrow{15}$④計算出來的。這條用時最長的工序流程，我們稱為主要矛盾線。工序流程圖中的其餘工序，顯然都可以安排在完成主要矛盾線的同時去完成。正如泡茶例子中的工序③→④，即洗茶壺、洗茶杯、拿茶葉，可以安排在工序②→④，即燒開水的同時去完成。

透過圖 15.2，讀者可以很容易明白，主要矛盾線上如果延誤 1 分鐘，整個工程完成的時間也勢必延遲 1 分鐘；相反的，如果主要矛盾線提早完成，那整個工程也就有希望提早完成！

下面是一張生產計畫表（表 15.1）。

表 15.1 生產計畫表

編號	任務	後繼任務	需用時間／單位時間
1	U	A、B、C	2
2	A	L、P	3
3	B	M、Q	4
4	C	N、R	3
5	L	S	7
6	M	S	8
7	N	S	9
8	P	T	6
9	Q	T	10

10	R	T	5
11	S	V	6
12	T	V	6
13	V	–	4

表 15.1 相應的工序流程圖如圖 15.3 所示。

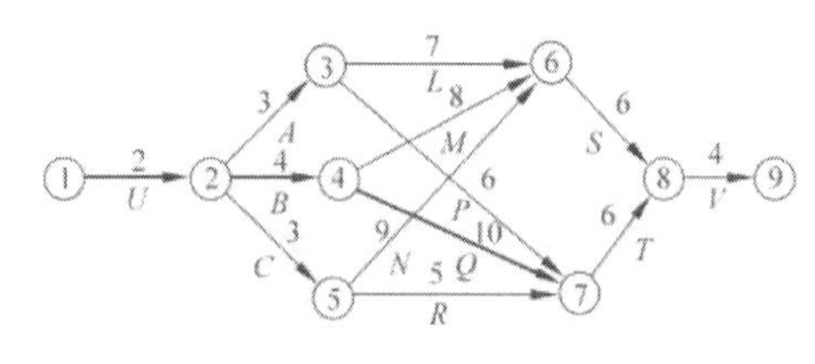

圖 15.3

要找出該計畫的主要矛盾線，就必須算出各種工序流程所需要用的時間，如表 15.2 所示。

表 15.2 各工序流程所需的時間

編號	工序流線	需用時間／單位時間
1	①→②→③→⑥→⑧→⑨	22
2	①→②→④→⑥→⑧→⑨	24
3	①→②→⑤→⑥→⑧→⑨	24
4	①→②→③→⑦→⑧→⑨	21
5	①→②→④→⑦→⑧→⑨	26
6	①→②→⑤→⑦→⑧→⑨	20

由表 15.2 可以看出，編號為 5 的工序流程為該生產計畫的主要矛盾線。它顯示要完成這項計畫所花時間不能少於 26 個單位時間。

不難想像，對更為複雜的工序流程圖，要像上面那樣找出主要矛盾線是極為困難的！不過，讀者可能沒有想到，要解決主要矛盾線的問題，只需一把普通的剪刀就夠了！要說明這種剪刀下出現的奇蹟，我們還得從「緊繩法」說起。

大家都知道，如果從甲地到乙地有兩條路可走，人們總是走近路。但對交通發達、道路縱橫的區域，想從一個地方走到另一個地方，想走近路就不是那麼容易了！

有一種巧妙的方法，可以使人在幾分鐘、甚至幾秒鐘內，從幾十條、甚至幾百條的道路中，選出一條最短的路來，這就是「緊繩法」。

緊繩法是這樣的：把區域的交通圖鋪在平板上，然後用不容易伸縮的細線，仿照地圖上的路線，結成一張如圖 15.4 所示的交通網。如果我們需要找出從 A 到 B 的最短路線，只要用手捏住 A、B 兩點的線頭，用力把它們往相反的方向拉開，則所拉成的直線 ACDEB 就是我們所要找的最短路線。道理無須多說，讀者也會明白。

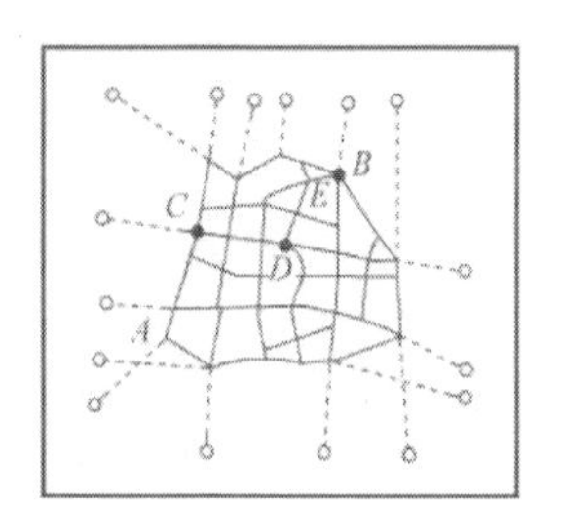

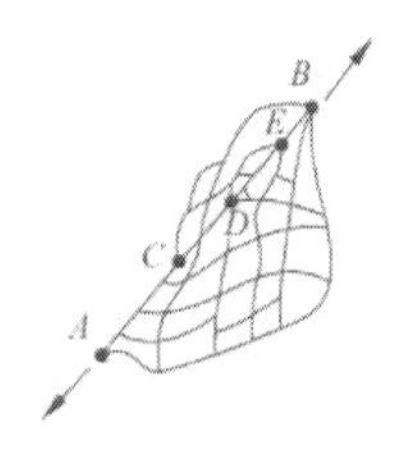

圖 15.4

現在轉到找主要矛盾線上來。明眼的讀者可能已經看出，工序流程圖有點像城市的交通網，只是把完成任務的時間看成相應道路的長短，同時任務的進行是有方向的罷了！可惜這裡要求的不是最短的路線，而是最長的路線。

不過，我們可以利用一把剪刀，把「緊繩法」巧妙地移植到本節所求的問題上來。

像「緊繩法」那樣，用不容易伸縮的細線編成一個工序流程圖那樣的網。仍以表 15.1 所示的生產計畫為例，如圖 15.5 所示，網中各段細線的長度，表示完成相應工序所用的時間。

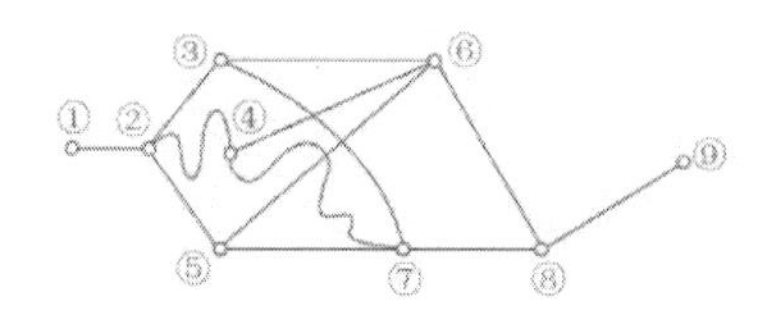

圖 15.5

拉緊①、⑨可得圖 15.6。

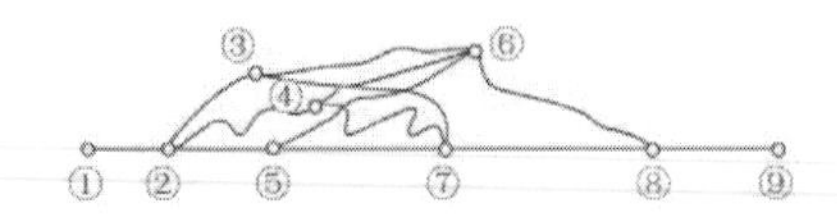

圖 15.6

以上顯然求出了從①到⑨的最短路線。為求主要矛盾線，我們可將直線段①～⑨上有分叉的某一節剪去。當然，剪時最好能從頭開始，同時還要注意到剪後新圖上工序的合理性。例如，剪去②～⑤並拉緊①、⑨可得圖 15.7。

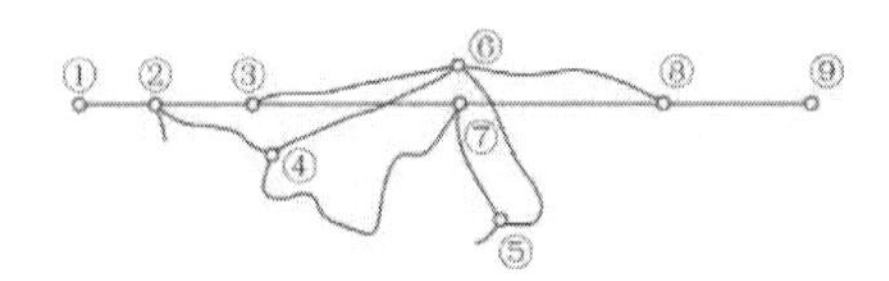

圖 15.7

同理，剪去圖 15.7 中的②～③並拉緊①、⑨，得圖 15.8。

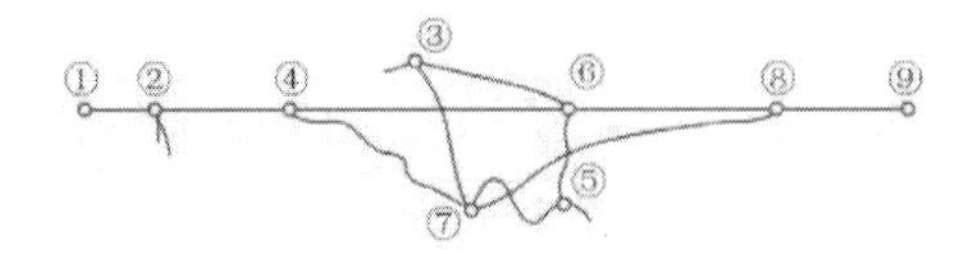

圖 15.8

讀者從圖 15.8 中不難看出：工序⑦→③→⑥與工序

⑦→⑤→⑥並不存在（箭頭方向不對！），因而線頭③和⑤實際上不發揮作用，可以大膽剪去，得到圖 15.9。

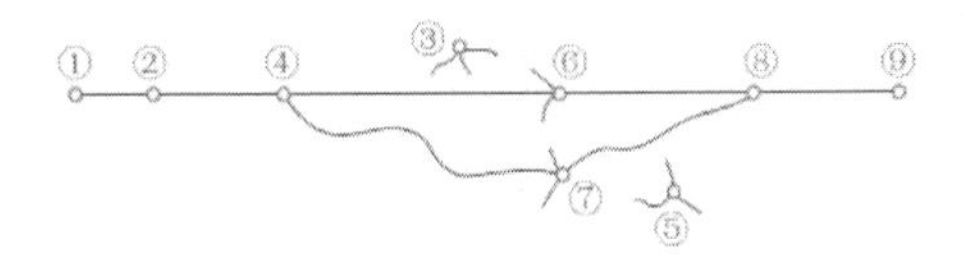

圖 15.9

最後，剪去④～⑥，得到圖 15.10。

圖 15.10

現在已經沒有分叉了。所得的最長路線為

①—②—④—⑦—⑧—⑨

這顯然與我們前面透過計算得到的主要矛盾線是一樣的！

看！剪刀下果真出現了奇蹟！這是當初數學家們所沒有料到的！

十六、

圖上運籌論（作業研究）供需

在我們這個繁忙的星球表面，布滿了密密麻麻的交通網，每日每時都有數不清的車輛在這種網狀的道路上奔馳！它們的任務是按各自的意願，把各種物資從地球上的一個角落移動到另一個角落，很少有人思考這麼做是否合理。貨物主人和司機全都我行我素，按各自既定的想法去做：多裝、快跑、減少空車！

倘若各位讀者能有機會向那些汗流浹背的司機們打聽一下，問問他們在塵土飛揚的道路上忙碌些什麼，或許你會發現一些極為奇怪的現象：運輸力存在著驚人的浪費！

舉例來說，圖 16.1 是一張某種物資調運的流向圖。圖中的「○」表示該地調出物資；「×」表示該地調入物資；寫在旁邊的數字為供需數量；道路右側的箭頭「 → 」表示物資流向，箭頭上的讀數（m）為該流向上的流量（單位：噸）。

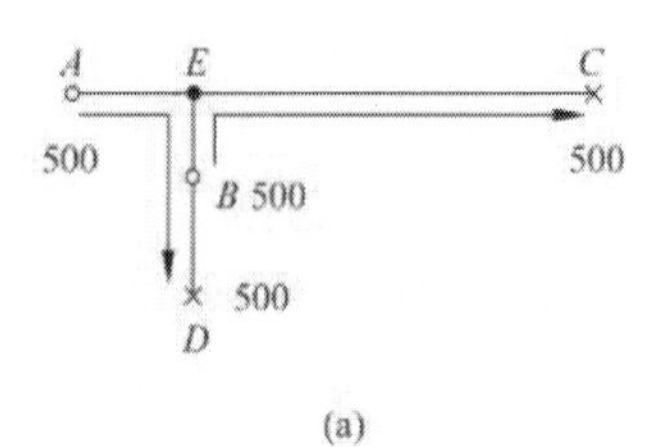

(a)

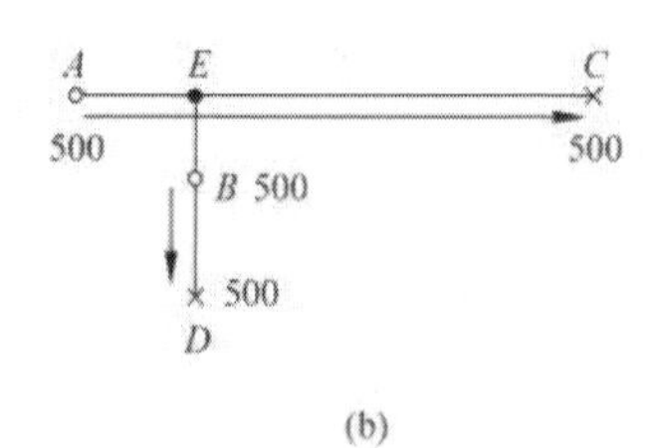

(b)

圖 16.1

很明顯，圖 16.1（a）的運轉方案是不合理的。因為在 BE 這段道路上出現了運輸對流的現象。這種對流無疑造成了浪費，不如改為圖 16.1（b）的調運方案更好！

另一種運輸力浪費的現象是迂迴：在交通圖上，從一地到另一地的兩條路中，如果有一條小於半圈長，則另一條必大於半圈長。假如這時我們不走小半圈而走大半圈（圖 16.2），這便是迂迴。

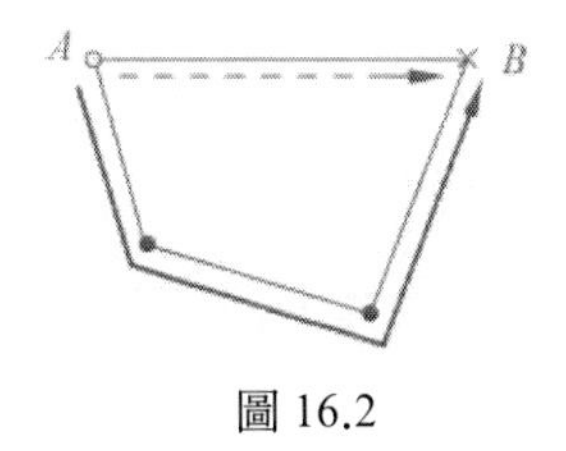

圖 16.2

迂迴現象有時似乎相當隱蔽。如圖 16.3 所示的調運方案，交通供需圖上有大小 3 個圈，其中由〔CDEFGH〕所圍成圈的外圈流向長（簡稱外圈長）為

GF ＋ ED ＋ CH ＝（252 ＋ 317 ＋ 180）公里＝ 749 公里

超過了該圈長度 1,381 公里的一半，所以外圈流向出現了迂迴。這是不太容易一眼看出的！

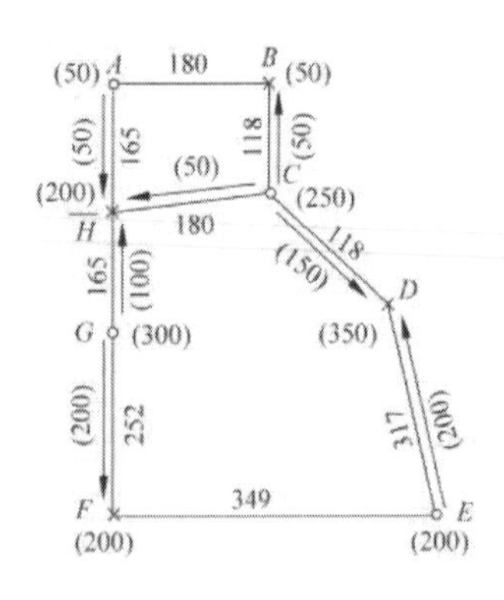

圖 16.3

注：括號內數字為物資量（單位：噸），非括號內數字為里程（單位：公里）

數學家已經從理論上證明，凡是有對流和迂迴的調運方案，一定不是最好的。對流的不合理性是不言而喻的。迂迴的出現，則表示至少存在一個圈，它的外圈長或內圈長大於該圈長的一半。這時，我們一定有辦法透過調整，使它變成所有的外圈長和內圈長都小於半圈長的流向圖！而這樣的調整必然使總運輸量相應減少，從而得到比原本更好的方案。反過來，數學家們還證明了沒有對流和迂迴的調運方案一定是最佳的！這個判定法則可以歸納為以下口訣：

物資流向畫兩旁，發生對流不應當；

內圈外圈分別算，都不超過半圈長。

很顯然，對不成圈的供需圖，當然談不上什麼迂迴。因此只要流向圖不出現對流，調運方案便是最好的。要做到這一點，只要從端點起逐步由外向內供需平衡就可以了。圖 16.4 是一個無圈的供需例子，可供讀者參照練習。

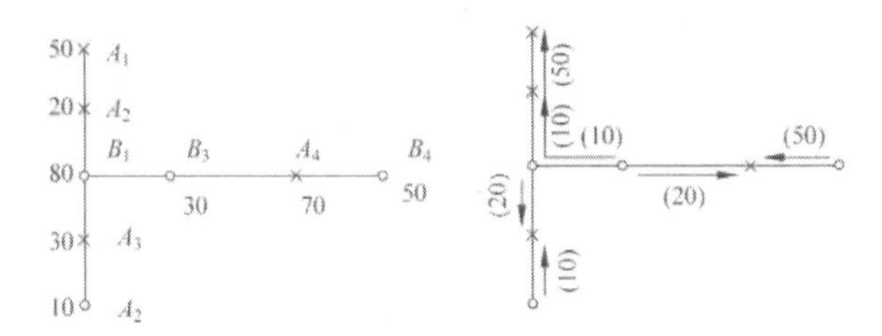

圖 16.4
單位：噸

現在我們再看看，怎麼尋找有圈供需圖的最佳調運方案？下面介紹一種稱為「縮圈法」的方法。為了說明這種方法，我們仍舊採用前面說過的例子。

先在交通供需圖上畫出一個沒有對流的初始方案，這是容易做到的，相應於這個方案的調運表如表 16.1 所示。

表 16.1 初始方案調運表（噸）

調出／調入	A	C	E	G	需求
B		50			50
D		150	200		350

F				200	200
H	50	50		100	200
供給	50	250	200	300	800

容易算出以上方案的總運輸量為

W ＝（50×165 ＋ 50×118 ＋ 150×118 ＋ 50×180 ＋ 200×317 ＋ 200×252 ＋ 100×165） 噸· 公 里 ＝ 171,150 噸 · 公里

正如前面所說，這個方案並非最佳方案，因為它至少還有一個圈的外圈長大於半圈（〔CDEFGH〕的外圈)。但我們可以透過以下方法，逐步調整。

（1）找出超過半圈長的外圈流向（或內圈流向）中運量最小的一段。例中為〔CDEFGH〕外圈的 CH 一段流向，它的運量為 50 噸。

（2）甩掉這個流向，適當改變這一圈的其他流向，將得到一個新的、沒有對流的流向圖。圖 16.5 為例中甩掉 CH 段流向後得到的新調運方案，其相應調運表如表 16.2 所示。

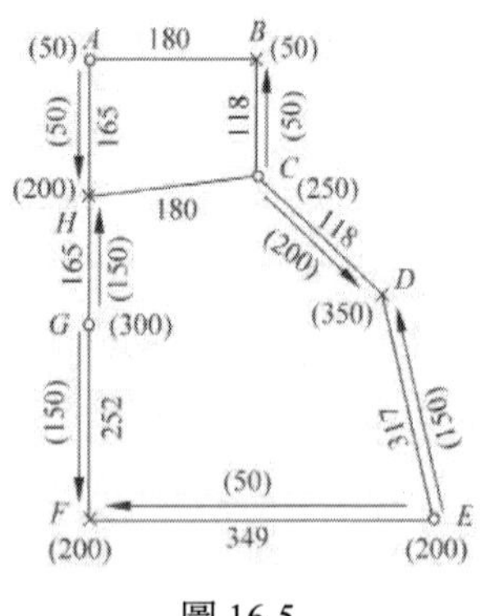

圖 16.5

注：括號內數字為物資量（單位：噸），非括號內數字為里程（單位：公里）

表 16.2 新方案調運表（噸）

調出 調入	A	C	E	G	需求
B		50			50
D		200	150		350
F			50	150	200
H	50			150	200
供給	50	250	200	300	800

容易算出這時的總運輸量為

W' ＝（50×165 ＋ 50×118 ＋ 200×118 ＋ 150×317 ＋ 50×349 ＋ 150×252 ＋ 150×165）噸．公里＝ 165,300 噸．公里

比原方案節省了 5,850 噸．公里！

新的調運方案是不是最佳的？如果不是最佳的，讀者還可以再用「縮圈法」把它調整的更好，直至獲得最佳方案為止。親愛的讀者，你能判斷以上方案是否最佳嗎？

最後還要提到的是，本節介紹的課題，是一門數學分支——運籌學（Operations Research，作業研究）的精彩篇章。這個在供需圖上「運籌帷幄」的好方法，還是數學工作者從實踐中總結出來的呢！

十七、

郵差的苦惱

在〈一、柯尼斯堡問題的來龍去脈〉中我們說過，一個連通的網路，當且僅當它的奇點數為 0 或 2 時，才能由「一筆畫」畫成。而且要使它成為一個首尾相接的封閉迴路，網路的頂點必須全是偶點。這是大數學家尤拉於 1736 年首先發現的。

大家知道，郵差為了完成投遞任務，每天必須從郵局出發，走經投遞區域內的所有道路，最後返回郵局。郵差應當怎樣安排自己的投遞路線，才能讓投遞路線最短呢？這顯然是郵遞人員所苦惱的問題。

下面讓我們分析一下投遞路線問題的實質。

很顯然，投遞的路線必須是連通的。因而，對某個郵差來說，他所負責的投遞路線，可以看成是一個脈絡。

如果上述脈絡所含的全是偶點，那麼脈絡中的所有弧線便能形成一條封閉的迴路。此時，求最短投遞路線，實際上就是「一筆畫」問題。而且郵差從郵局出發，最後回到了郵局，完成了一次循環。

如果一個投遞網路除了偶點之外，還含有奇點，由於網路的奇點必定成雙，因而我們可以將奇點分為若干對，在每對奇點之間用弧線連線，使新增弧線後的新圖形成為不含奇點的脈絡。前面說過，這樣的脈絡的全部弧線可以構成一條封閉迴路，從而為郵差提供一條可行的投遞路線。

圖 17.1 是一個簡單的例子。圖中的方格狀道路網代表投遞區域，「★」為郵局，奇點間新增的弧線畫成虛線，相應的投遞路線為

K（★）

→H→G→F→E→D→C→B→A

→I→A→B→J→D→E→K→J→I→H

→K（★）

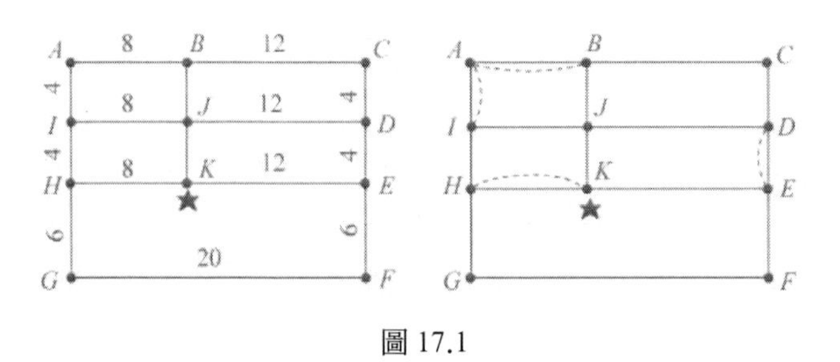

圖 17.1

容易算出這條投遞路線的總長度為 140 個單位長度。

讀者可能已經注意到，對於一個網路，奇點間用弧線連線的方法是各式各樣的，各種新增的方法都提供了一種可行的投遞路線。問題是，哪一種投遞路線才是最合理的呢？

答案幾乎是顯而易見的！即新增進去的弧線應當越短越好。要達到這一點，顯然必須做到以下兩點。

（1）新增進去的弧線不能出現重疊；

（2）在每一個圈狀的道路圖上，新增進去的弧線，其長度的總和不能超過該圈長的一半。

用上面兩條原則，判斷一下前面例子中的那種弧線的新增方法，就會發現其中有不合理的地方。在〔ABKH〕圈中，添進弧線的總長度顯然大於該圈長度的一半！

對於新增進去弧線的總長度大於圈長一半的情形，有一種簡單易行的調整方法，可以使新增弧線的總長度小於半圈長。讀者只要看一看圖 17.2，便會明瞭這種方法。

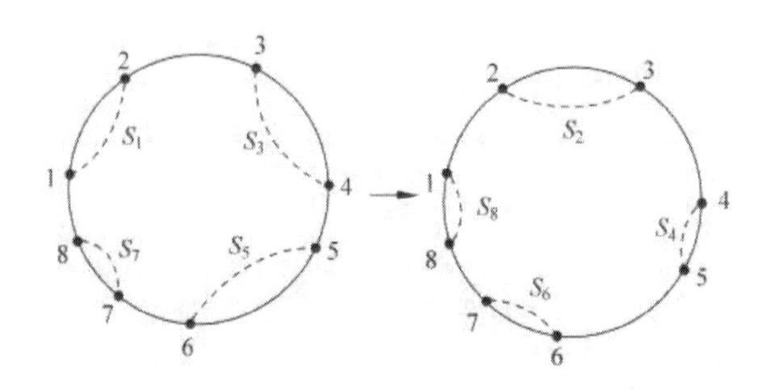

圖 17.2

即在該圈中，撤走原先新增的弧線，改為新增原先沒有新增的部分。這麼做，網路所有頂點的奇偶性都沒有改變，但卻使總弧線的長度減小了，其道理是顯而易見的！

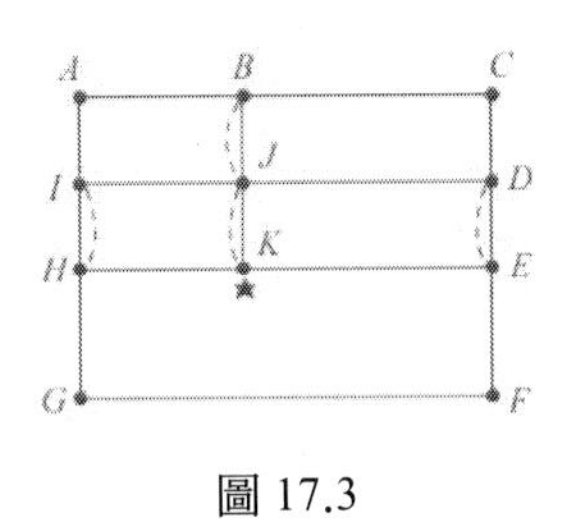

圖 17.3

現在回到前面的例子上。按上面的方法調整後，可得圖 17.3。此時，相應的投遞路線為

K（★）

→J→K→H→G→F→E→D→C→B→A→I

→H→I→J→B→J→D→E

→K（★）

投遞路線的總長度容易算得為 132 個單位，比原先少了 8 個單位。不難看出，所得的新網路（圖 17.3）已經符合前面提到的兩條原則，因而相應投遞路線已是最為合理的了！

郵遞路線問題的解決，是奇偶點原理與圖上作業法的科學結合，是數學知識古為今用的典範。以下生動的口訣，將幫助你記住這個有用的方法：

先分奇偶點，奇點對對連；

連線不重疊，重疊要改變；

圈上連線長，不得過半圈。

十八、

起源於繪畫的幾何學

幾乎所有的畫家都能熟練地運用透視的原理，因為透視原理能幫助作畫者對物體的形態做出正確而科學的觀察。

從繪畫角度來說，所謂透視，就是透過一層直立於人眼與物體之間的平板玻璃來看物體。這時，我們可以把平板玻璃看成畫面，在平板玻璃上看到物體的縮影，就是我們畫面所需要的具象。唐代詩人杜甫在成都描寫草堂四周的景緻時，曾留下一首千古絕句：

兩個黃鸝鳴翠柳，一行白鷺上青天。

窗含西嶺千秋雪，門泊東吳萬里船。

這首詩實際上是杜甫坐於草堂書屋中，透過門和窗，對外部環境透視的精妙描寫！

在繪畫中，畫面上正對作畫者眼睛的一點，稱為心點。凡與畫面垂直的直線，都在心點消失。圖 18.1（a）是從上往下看的平面圖，圖上有 3 條平行的火車軌道，軌道右側是一排樹木。圖 18.1（b）是圖 18.1（a）中人站在「×」點處時的透檢視，垂直於畫面而伸向遠方的樹木、鐵軌和電線桿，都在心點交合。

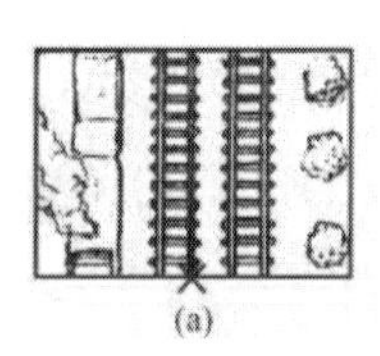
(a)

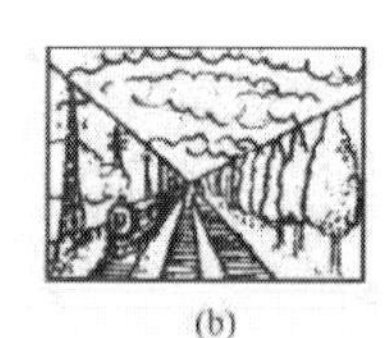
(b)

圖 18.1

在歐洲文藝復興時期，透視學的成就與繪畫史的光彩交相輝映！許多著名的畫家，包括多才多藝的達文西，以他們非凡的技巧和才能，為透視學的研究做出了卓越的貢獻。他們的成果很快影響到幾何學，並孕育出一門新的幾何學分支 —— 射影幾何學（投影幾何學）。

如圖 18.2 所示，所謂射影是指從中心 O 發出的光線投射錐，使平面 Q 上的圖形 Ω，在平面 P 上獲得截景 Ω'。則 Ω' 稱為 Ω 關於中心 O 在平面 P 上的射影。射影幾何學就是研究在上述射影變換下不變性質的幾何學。顯然它既不同於今天課本裡學過的歐幾里得幾何學，也不同於前文介紹的橡皮膜上的幾何學！

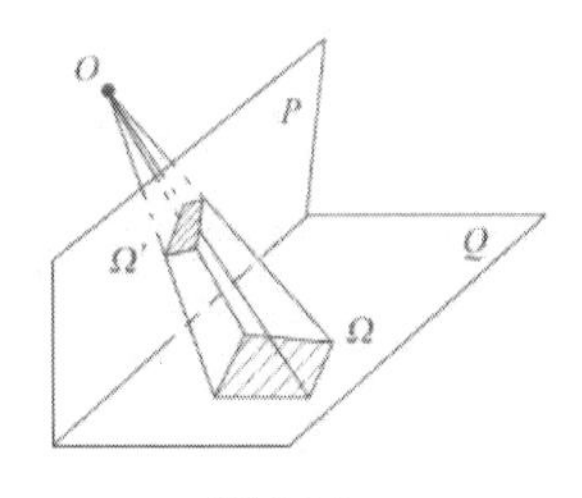

圖 18.2

為射影幾何學的誕生奠基的是兩位法國數學家：笛沙格（Girard Desargues，1591 ～ 1661）和帕斯卡（Bryce Pascal，1623 ～ 1662）。

1636 年，笛沙格出版了《用透視表示對象的一般方法》一書。在這本書裡，笛沙格首次給出了高度、寬度和深度「測尺」的概念，從而把繪畫理論與嚴格的科學連結起來。不可思議的是，對這種科學上的進步，當時卻受到來自多方面的抨擊，致使笛沙格為此憤憤不平！他公開宣布，凡能在他的方法裡找到錯誤者，一概獎給 100 個西班牙幣；誰能提出更好的方法，他本人願意支付 1,000 法郎。這實在是對歷史的一種嘲弄！

1639 年，笛沙格在平面與圓錐相截的研究中，獲得新的突破。他論述了 3 種二次曲線都能由平面截圓錐而得，從而可以把這 3 種曲線都看成是圓的透視形，如圖 18.3 所示。這使圓錐曲線的相關研究有了一種特別簡潔的形式。

不過，笛沙格的上述著作後來竟不幸失傳，直至 200 年後，1845 年的某一天，法國數學家查理斯由於一個偶然的機會，在巴黎的一個舊書攤上意外地發現了笛沙格原稿的抄本，從而使笛沙格這個被埋沒的成果得以重新發放光輝！

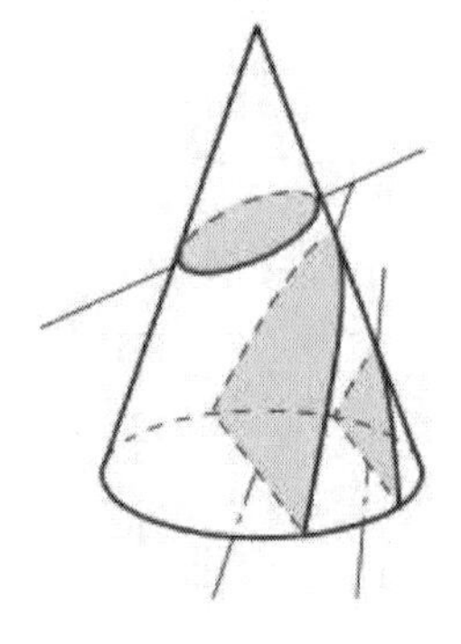

圖 18.3

笛沙格之所以能青史留名，還因為以下的定理：如果 2 個空間三角形對應頂點的 3 條連線共點，那麼它們對應邊直線的交點共線，如圖 18.4 所示。這個定理後來便以笛沙格的名字命名。

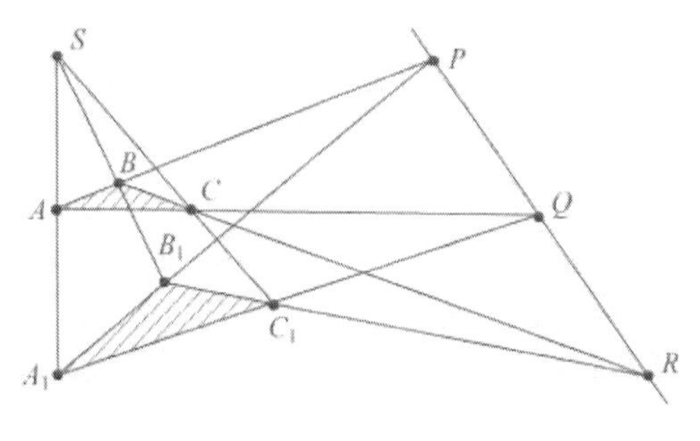

圖 18.4

有趣的是，把笛沙格定理中的「點」改為「直線」，而把「直線」改為「點」，所得的命題依然成立。即如果 2 個空間三角形的對應邊直線的 3 個交點共線，那麼它們對應頂點的連線共點。

在射影幾何學中，上述現象具有普遍性。一般地，把一個已知命題或構圖中的詞語，按以下「詞典」進行翻譯：

點	直線
在……上	經過……
連接兩點的直線	兩條直線的交點
共點	貢獻
四角形	四邊形
切線	切點
軌跡	包絡

將得到一個「對偶」的命題。兩個互為對偶的命題，要麼同時成立，要麼同時不成立。這便是射影幾何學中獨有的「對偶原理」。

射影幾何學的另一位奠基者是廣大讀者所熟悉的，數學史上公認的「神童」 —— 法國數學家帕斯卡。他的成就充滿著傳奇。帕斯卡的父親也是一位數學家，不知什麼原因，他極力反對帕斯卡學數學，甚至把數學書全都藏了起來。不料，這一切反而讓愛動腦筋的帕斯卡對數學這個「神祕的禁區」更加嚮往，並在小小年紀，便獨立證明了平面幾何中的一條重要定理：三角形內角和等於 180°。

帕斯卡的數學天賦竟使他父親激動得熱淚盈眶，並一改過去的態度。他不僅不再反對帕斯卡學數學，而且全力支持他，親自帶領帕斯卡去參加法國科學院創始人梅森主持的討論會。當時帕斯卡才 14 歲。

1639 年，帕斯卡發現了使他名垂青史的定理：若 A、B、C、D、E、F 是圓錐曲線上任意的 6 個點，則由 AB 與 DE，BC 與 EF，CD 與 FA 所形成的 3 個交點共線！如圖 18.5 所示。

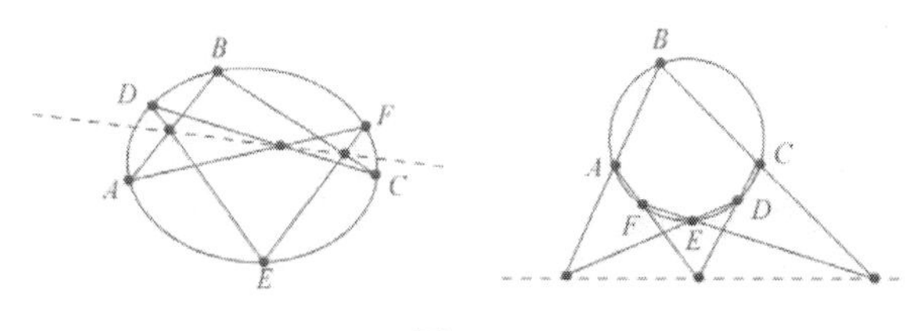

圖 18.5

帕斯卡的這個定理精妙無比！它顯示一個圓錐曲線只需 5 個點便能確定，第 6 個點可以透過定理中共線的條件推出。這個定理的推論多達 400 餘條，簡直抵得上一部鴻篇巨帙！

不料，帕斯卡的這個輝煌成果，竟引起了包括大名鼎鼎的笛卡兒在內的一些人的懷疑，他們不相信這會是一個 16 歲孩子的思維，而認為這是帕斯卡父親的代筆！不過，此後的帕斯卡成果纍纍：19 歲發明了臺式加減電腦；23 歲發現了物理學上著名的流體壓強定律；31 歲與費馬共同創立了機率論；35 歲對擺線的研究獲得重大成果……帕斯

卡這一系列的成就，終於讓所有持懷疑態度的人折服了！至此，人們無不交口稱讚這位法國天才的智慧光輝！

不幸的是，笛沙格和帕斯卡這兩位射影幾何學的先驅，竟於 1661 年和 1662 年先後謝世。此後，射影幾何學的研究沒有得到人們的應有重視，並因此沉寂了整整一個半世紀，直至又一位法國數學家彭賽列的到來。

十九、

傳奇式的數學家彭賽列

在射影幾何學的故鄉法國，當兩位奠基者相繼去世之後，對這門學科的研究竟然沉寂了一個半世紀，直至後來出現了另一位數學家。他就是傳奇式的人物彭賽列。

彭賽列（Jean Poncelet，1788 ～ 1867）出生在法國的梅斯城，22 歲畢業於巴黎的一所軍事工程學院，曾受業於著名的數學家、畫法幾何學的奠基人加斯帕爾．蒙日（Gasper Monge，1746 ～ 1818）和拉扎爾．卡諾（Lazare Carnot，1753 ～ 1823）。彭賽列於大學畢業後即加入了拿破崙的軍隊，擔任一名工兵中尉。

1812 年，叱吒風雲、縱橫一世的拿破崙被一系列勝利衝昏了頭。為了實現稱霸歐洲的夙願，他終於走出了一步冒險的「棋」，他決定親率 60 萬大軍，遠征莫斯科！不料沙皇亞歷山大一世起用了老謀深算的將軍庫圖佐夫為總司令，毅然避開了法軍的鋒芒，把拿破崙的軍隊引入堅壁清野的莫斯科。此後，法軍困守空城，飢寒交迫，又被庫圖佐夫攔斷西退的去路，最終面臨絕境！

此時的彭賽列服役於遠征軍的軍團。當拿破崙為擺脫困境而決定西撤時，俄軍大舉反攻，致使法軍近乎全軍覆沒。1812 年 11 月 18 日，軍團被殲，頓時血濺沙場，屍橫遍野，彭賽列也受了重傷。

當俄國軍隊清掃戰場時，發現這個受傷的法國軍官一息尚存，於是把他抓了起來，當俘虜送回到俄國的後方。彭賽列因此僥倖揀回一條命。

翌年 3 月，彭賽列被關進了窩瓦河岸邊的監獄。開始的一個月，他面對鐵窗，精疲力竭，萬念俱灰！後來隨著春天的到來，明媚的陽光透進鐵窗的欄柵，投進監獄的地面，留下一條條清晰的影子。這一切突然引發了彭賽列的聯想，往日蒙日老師教授的「畫法幾何學」和卡諾老師教授的「位置幾何學」，一幕幕閃現在他的腦海。彭賽列發現，回味和研究往日學過的知識，是在百無聊賴中最好的精神寄託！

此後的彭賽列似乎煥發了青春。他利用一切可能利用的時間，或重溫過去學過的數學知識，或潛心思考縈繞於腦際的問題：在射影變換下，圖形有哪些性質不變？當時監獄的條件很差，沒有筆也沒有紙，書就更不用說了。然而這一切並沒有使彭賽列氣餒！他用木炭條當筆，把監獄的牆壁當成演算和作圖的特殊黑板，還四處蒐羅廢書頁當稿紙。就這樣經過了 400 個日日夜夜，他終於寫下了 7 大本研究筆記。而正是這些字跡潦草的筆記，記述了一門新的幾何學分支 —— 射影幾何學的光輝成果！

1814 年 6 月，彭賽列終於獲釋。同年 9 月，他回到了法國。回國後，他雖然升任工兵上尉，但仍孜孜不倦地追求新幾何學的理論。在 7 本筆記的基礎上，又經過 8 年的努力，他終於在 1822 年，完成了一部理論嚴謹、構思新穎的鉅著 —— 《論圖形的射影性質》。這部書的問世，代表著射影幾何學作為一門學科的正式誕生！

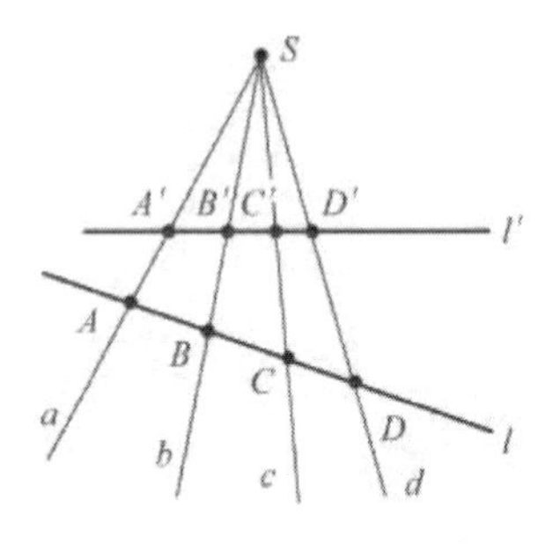

圖 19.1

下面讓我們欣賞一下彭賽列賴以建造射影幾何學大廈的基石。彭賽列的研究是從「交比」的概念開始的。如圖 19.1 所示，S 為中心，從 S 發出的 4 條射線 a、b、c、d 組成了一個固定的線束 S（abcd）。一直線 l 分別交線束於 A、B、C、D4 點。彭賽列證明了交比 γ：

$$\gamma=(ABCD)=\frac{AC}{BC}:\frac{AD}{BD}$$

對線束 S（abcd）來說，是一個不變數。這就是說，如果另一條直線 l' 依次交線束於 A'、B'、C'、D'，則有

（A'、B'、C'、D'）＝（A、B、C、D）

事實上，根據正弦定理有

$$\frac{AC}{BC}=\frac{SC\cdot\frac{\sin(a,c)}{\sin(a,l)}}{SC\cdot\frac{\sin(b,c)}{\sin(b,l)}}=\frac{\sin(a,c)\sin(b,l)}{\sin(b,c)\sin(a,l)}$$

同理

$$\frac{AD}{BD}=\frac{\sin(a,d)\sin(b,l)}{\sin(b,d)\sin(a,l)}$$

從而

$$\gamma=(ABCD)=\frac{\sin(a,c)\sin(b,d)}{\sin(b,c)\sin(a,d)}$$

這是一個與截線 l 的取法無關的量。也就是說，對固定的線束 S（abcd），交比 γ 是射影變換下的一種不變數！

下面我們再看看線束的一些有趣的特性。

如圖 19.2 所示，今有線束 S 和它在直線 l 上的透視點列（σ）。從中心 S' 向點列（σ）投射，得到線束 S'，用

直線 l' 把線束 S' 截斷，得出透視點列（σ'）。再從中心 S" 向點列（σ'）投射，得到線束 S"，用線直 l'' 把線束 S" 截斷，得出透視點列（σ"）……很明顯，以上所有的線束和點列，其任意 4 個相應的元素組，總有相同的交比。

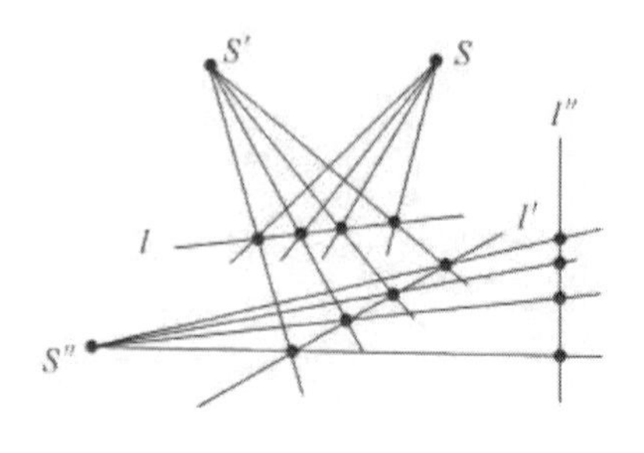

圖 19.2

射影變換下交比的不變性，以及以上介紹的投射法和截斷法，正是彭賽列用以研究射影幾何學獨特理論系統的基礎。

讓我們看一個令其他幾何學無可奈何的有趣問題，是怎樣用射影幾何學的方法獲得解決。這個具有典型意義的問題是：已知圓錐曲線的 5 個點 A、B、C、D、E，試求該曲線與已知直線 g 的交點。

為方便讀者對照、掌握，今將求法分述如下。

在圓錐曲線已知的 5 點中，取 A、B 兩點作為線束的中心，如圖 19.3 所示，做關於點 C、D、E 的 3 對對應直線。

線束 A 和線束 B 為已知直線 g 所截斷，得到了兩個射影點列

$$(C_1, D_1, E_1, \cdots) \text{ 和 } (C_2, D_2, E_2, \cdots)$$

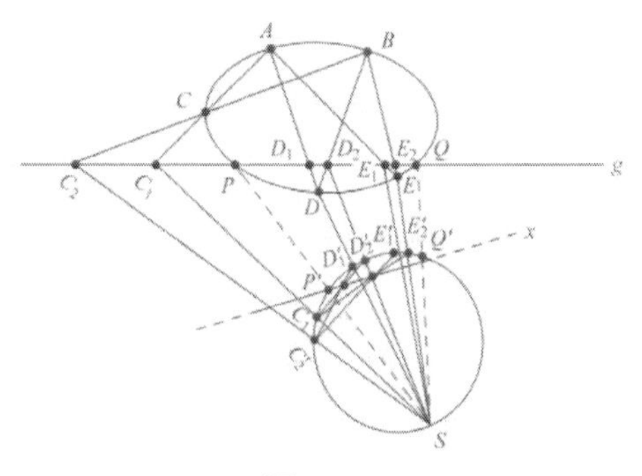

圖 19.3

很明顯，直線 g 與圓錐曲線的交點 P、Q，即為以上兩個點列的相重點。為了求出這兩個相重點，我們可以利用一個圓，在圓上取一點 S 為中心，把直線 g 投射到圓上。這樣，我們將在圓上得到相應的兩個射影點列

$$(C'_1, D'_1, E'_1, \cdots) \text{ 和 } (C'_2, D'_2, E'_2, \cdots)$$

如果我們求得了這兩個點列在圓上的相重點 P'、Q'，實際上也就求得了直線 g 與圓錐曲線的交點 P、Q。

今取 C'_1，C'_2 作為圓上射影對應的線束中心，並作透視軸 x。顯然，透視軸 x 可由以下兩對直線的交點決定：

$C'_1D'_2$ 和 $C'_2D'_1$；

$C'_1E'_2$ 和 $C'_2E'_1$。

透視軸 x 與圓的交點 P'、Q'，無疑就是圓上相應二次射影點列的相重點。從而，由中心 S 把 P'、Q' 投射到直線 g 上，所得到的點 P、Q，必然也是圓錐曲線上相應二次射影點列的相重點。這就是所求的直線 g 與圓錐曲線的交點。

親愛的讀者，我想當你看完上面的例子後，一定會有感於彭賽列所創立的射影幾何理論的精妙之處和重要作用！

二十、

別有趣味的圓規幾何學

讀者可能不曾想到，那位南征北戰、威名赫赫的法國皇帝拿破崙（Napoleon Bonaparte，1769 ～ 1821），竟會是一名數學愛好者。其幾何學造詣之深，在古今中外的帝王中，堪稱獨步！

據說拿破崙對只用圓規的幾何作圖問題非常感興趣。傳聞他曾出過一道題目給法國數學家：僅用圓規而不用直尺，把已知圓周四等分。

拿破崙的這道題，如果給定圓的圓心是已知的，就不難做出來。圖 20.1 展現了一種作法。

在已知圓 O（r）上任取一點 A。然後，從 A 點開始，用圓規量半徑的方法，依次在圓周上作出 B、C、D3 點。再作圓 A（AC）交圓 D（DB）於 E 點。最後，作圓 A（OE）交已知圓 O（r）於 P、Q 兩點，則 A、P、D、Q4 點把圓 O 四等分。

其實，讀者不難算出：

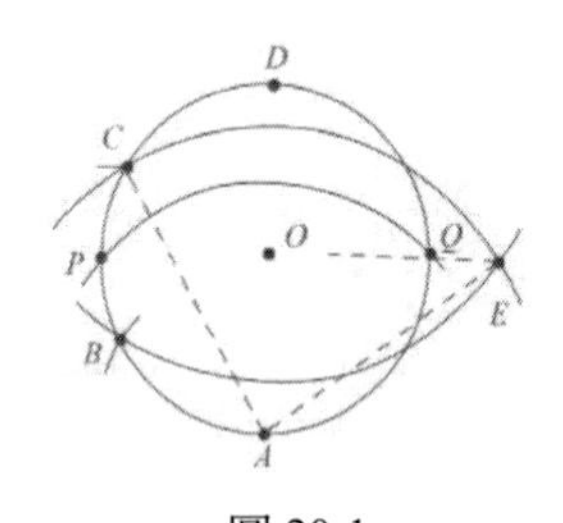

圖 20.1

$$AE = AC = \sqrt{3}\,r$$

$$OE = \sqrt{AE^2 - AO^2} = \sqrt{3r^2 - r^2} = \sqrt{2}\,r$$

從而 A、P、D、Q 確為圓 O 的四等分點。

不過，對拿破崙的問題，如果已知圓不給出圓心，那就難辦多了！雖然很難，但這一定能夠做到！如果讀者有耐心讀完本節，便會完全明白這一點。

1797 年，義大利幾何學家馬施羅姆指出，任何一個能用直尺和圓規作出的幾何圖形，都可以單獨用圓規作出。這實際上是在說，直尺是多餘的！

的確，如果我們認為所求的直線只要有兩點被確定就算得到了，那麼上面的說法是對的！

學過平面幾何的讀者想必都已了解，用直尺和圓規的一切作圖，歸根究柢都是以下 3 個關鍵作圖。

（1）求兩圓交點；

（2）求一直線與一個圓的交點；

（3）求兩直線交點。

以上 3 條，（1）自然可用圓規完成，關鍵作法在（2）、（3）兩條。為了弄清楚這個事實，我們先介紹幾種可單獨用圓規作出的基礎作圖。

【作圖 1】試單獨使用圓規，作點 X 關於直線 AB 的對稱點 X'。

作法：見圖 20.2。

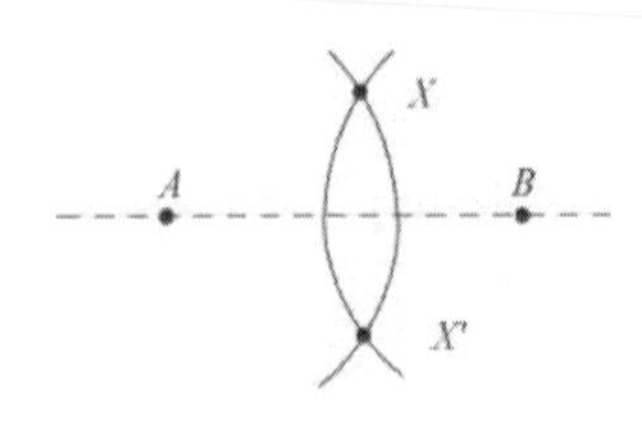

圖 20.2

【作圖 2】在圓心 O 已知的情況下，試單獨使用圓規，求圓 O 的弧$\widehat{AB}$的中點。

作法：如圖 20.3 所示，單獨使用圓規作▱ ABOC 及▱ ABDO 並不難。令 OA ＝ r，AB ＝ m，則在▱ ABOC 中

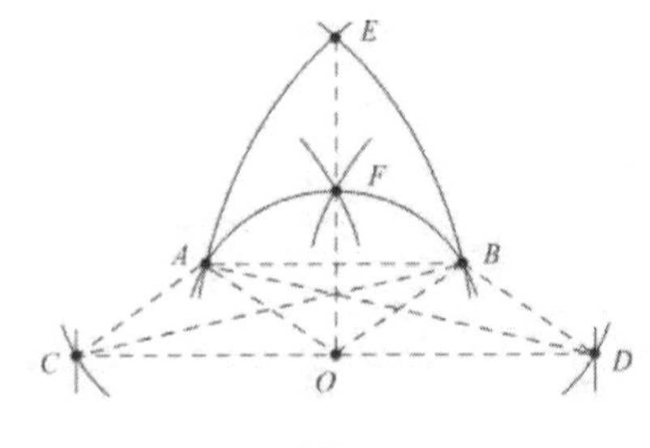

圖 20.3

因為 $CB^2 + OA^2 = 2(AB^2 + OB^2)$

所以 $CB^2 + r^2 = 2(m^2 + r^2)$

現作圓 C（CB）交圓 D（DA）於 E 點，則

因為 $OE^2 = CE^2 - OC^2 = CB^2 - OC^2$

所以 $CE^2 = 2m^2 + r^2 - m^2 = m^2 + r^2$

再作圓 C（OE）交圓 D（OE）於 F 點，則

因為 $OF^2 = CF^2 - OC^2 = CE^2 - OC^2$

所以 $CF^2 = m^2 + r^2 - m^2 = r^2$

從而，F 為圓 O 上的點。又根據圖形的對稱性知，F 即為 $\overset{\frown}{AB}$ 的中點。

【作圖 3】試單獨使用圓規，求線段 a、b、c 的第四比例項 x。

作法：我們試作其中最為普遍的一種情況，其餘留給讀者。

如圖 20.4 所示，取定一點 O。作圓 O（a）、圓 O（b）。在圓 O（a）上任取一點 M，並求得另一點 N，使弦 MN ＝ c。任選一半徑 r，作圓 M（r）和 N（r）分別交圓 O（b）於 P、Q 點，並使 OP 與 OQ 中恰有一條位於 ∠ MON 內部。易知

$\triangle OMN \sim \triangle OPQ$

從而 OM：OP ＝ MN：PQ

即 a：b ＝ c：x

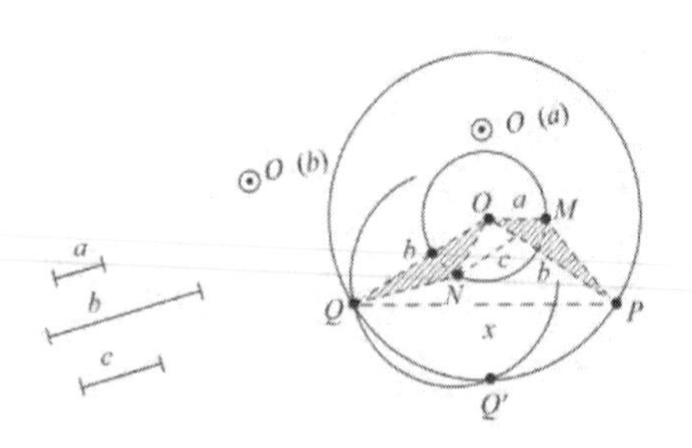

圖 20.4

也就是說，弦 PQ 即為所求的第四比例項 x。

現在讓我們回到單獨使用圓規的另兩個關鍵作圖上來。

事實上，單用圓規求一直線與圓的交點，現在已經沒有多大困難了。

如圖 20.5 所示，利用基礎作圖 1 的方法，作已知圓 O（r）的圓心 O 有關直線 AB 的對稱點 O'。則圓 O（r）與圓O'（r）的交點P、Q即為所求的直線AB與已知圓O（r）的交點。

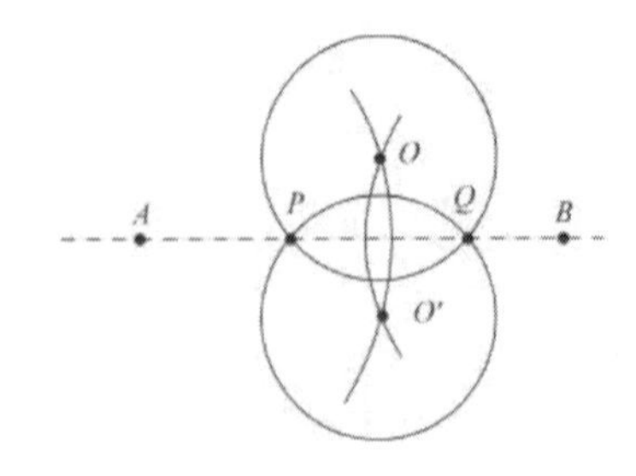

圖 20.5

不過，有一種情況似乎例外，即直線 AB 恰過 O 點，此時基礎作圖 1 的方法失去了作用。然而我們可以如圖 20.6 所示，再利用基礎作圖 2 的方法求出$\widehat{MN}$的中點 P（和 Q）。不難明白，P、Q 即圓 O 與直線 AB 的交點。也就是說，我們已經解決了關鍵作圖（2）。

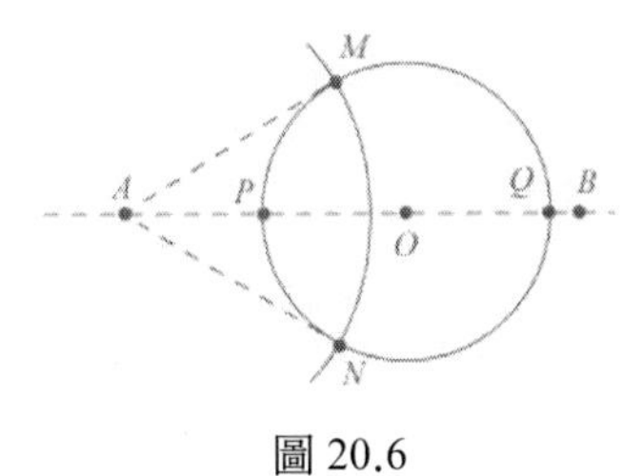

圖 20.6

再看看關鍵作圖（3），即如何單用圓規求兩直線的交點。實際上，我們可以把它歸結為基礎作圖 3 的方法。

如圖 20.7 所示，我們先按基礎作圖 1 的方法作 C、D 關於

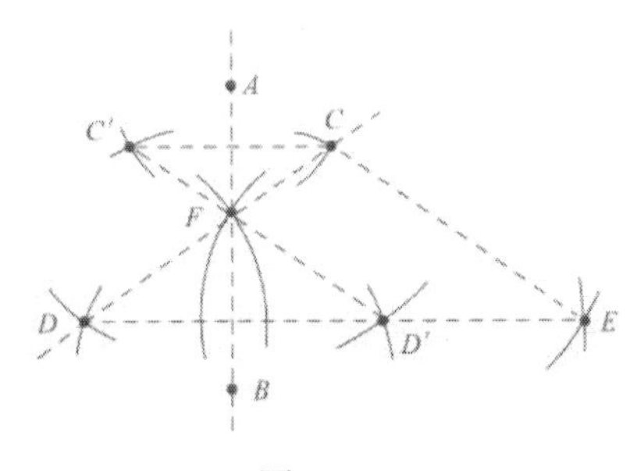

圖 20.7

直線 AB 的對稱點 C'、D'；然後，再確定點 E，使 CC'D'E 為平行四邊形，這是單獨用圓規能夠做到的。很顯然，D、D、E3 點共線。

令 CD 與 AB 的交點為 F。我們現在的目的，顯然就是需要求出 F 點。

因為 D'F // EC

所以 DE:DD' = DC:DF

即 DF = x 為 DE、DD'、DC 的第四比例項，因而也能單獨使用圓規作出。接下來的任務是求圓 D（x）和圓 D'（x）的交點 F，這已經是很容易的事了。

至此，我們已經令人信服地證明了馬施羅姆關於「直尺是多餘的」結論！

最後還要提到一段有趣的歷史。大約在 1928 年，丹麥數學家海姆斯列夫的一個學生，在哥本哈根的一個舊書攤上，偶然發現一本舊書的複製品《歐幾里得作圖》。該書出版於 1672 年，作者是一位名不見經傳的人物 G. 莫爾。令人驚訝的是，這本書不僅包含了馬施羅姆的結果，而且還給出一種不同的證明。如果該著作的年代沒有被判定錯誤的話，那麼，這個事實顯示，圓規幾何學的歷史至少應當向前推移 125 年！

二十一、

直尺作圖見智慧

在前文我們向讀者介紹過，對可用尺規作圖的問題來說，直尺本是多餘的！可能有的讀者會問，對同樣的作圖問題，圓規是否也是多餘的呢？換句話說，對可以用尺規作圖的問題，是否單用直尺也能作出呢？

回答是否定的！只要舉一個反例就足夠了！

給出一個沒有圓心的圓，你是無論如何無法單用直尺找出它的圓心來的。不信，你可以試試！

不過，另一個結論更為引人注目。1833 年，瑞士數學家雅各・施泰納（Jakob Steiner，1796 ～ 1863）證明：任何一種能用圓規和直尺完成的幾何作圖，都能單獨用直尺完成，這只需給定一個有圓心的圓就夠了！

要證明施泰納的結論，也與證明馬施羅姆的結論類似，需要解決 3 個關鍵問題。當然，這時必須以給定一個有圓心的圓為前提。

（1）求兩直線交點；

（2）求一已知圓與一直線的交點，這裡的已知圓已給出圓心及圓上的一點；

（3）求兩圓的交點，這裡的兩圓，也是給出了它們的圓心及各自圓上的一個點。

關鍵在於（2）、（3）的作圖，能否在給定一個有圓心的圓的前提下，單獨用直尺實現呢？如果可以，施泰納定理也就證明了！

施泰納所提供的證法是精妙無比的。

下面先研究幾個在給定一個圓及其圓心的前提下，單獨使用直尺的基礎作圖。

【基礎作圖 1】已知直線 l 及線外一點 P，試單用直尺作過 P 點且平行於 l 的直線。

作法：令 A、B 為直線 l 上兩點，又 AB 的中點 M 已知。那麼，如圖 21.1 所示，連線 AP，在 AP 上取一點 S；又連線 SM、SB、PB，令 PB 交 SM 於 T 點；再連線 AT 並延長交 SB 於 Q 點；連線 PQ，則

$$PQ \parallel l$$

上面結論的證明，由於不太難，而且是一道很好的幾何練習，因此就留給讀者了。

現在假定在直線 l 上不存在已知中點 M 的線段。那麼，我們可以如圖 21.2 所示，利用已知圓 O，作過 M 點的直徑 LN；很明顯，圓心 O 即為直徑 LN 的中點；再作另一直徑 RS，利用 LON 作 RX ∥ LN，SY ∥ LN 並交直線 l 於 X、Y 兩點。易知 M 即為線段 XY 的中點。接下來，作過 P 點而平行 l 的直線，讀者已經熟練掌握了！

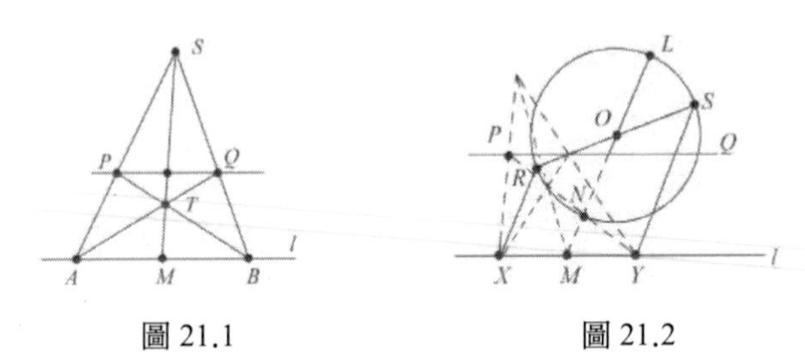

圖 21.1　　　　圖 21.2

【基礎作圖 2】給定已知圓 O，試單用直尺作過 P 點而垂直於已知直線 AB 的直線。

作法：如圖 21.3 所示，取給定圓的直徑 QQ'；過 Q' 作直線 Q'R∥AB，並交圓 O 於 R 點；連 QR，顯然有 QR ⊥ Q'R。

現在過 P 作 PC∥QR，則 PC ⊥ AB 即為所求的垂線。

以下我們回到關鍵問題（2）和關鍵問題（3）上，為了節省篇幅，我們只證明關鍵問題（2）是可以解決的，而把關鍵問題（3）的證明省略了。

如圖 21.4 所示，設已知直線為 g，已知圓給出了圓心 I 和圓上的一點 A。顯然，我們可以透過基礎作圖 1 的方法，找到圓 I 上 A 的對徑點 B；然後再透過基礎作圖 2 的方法，找出圓 I 上的其他 3 個點 C、D、E。這樣就有了圓 I 上的 5 個點 A、B、C、D、E，根據〈二十、別有趣味的圓規幾何學〉中的最後一個例子，我們知道，單用直尺是完全可以求出直線 g 與圓 I 的交點 P、Q 的！

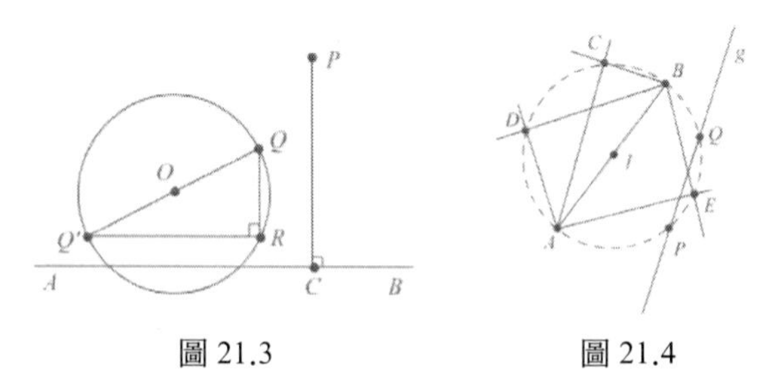

圖 21.3　　圖 21.4

前面說過，對施泰納圓來說，給定圓心是至關重要的。可能有的讀者依然對此抱有懷疑，甚至認為多試試說不定就能找到巧妙的方法。其實，這樣的方法是根本不存在的！這不是猜測，而是科學！

事實上，如果的確存在用直尺求圓心的方法，而且平面 P 上一系列的線條，給出了由圓 K 求圓心 I 的步驟，那麼，如圖 21.5，此時我們可以在空間任取一點 O，以 O 為中心，把平面 P 上的所有線條投影到另一個平面 Q 上來（Q 不平行於 P）。使圓 K 在平面 Q 上的投影依然是一個圓 K'（我們有切切實實的方法，選取平面 Q 以保證做到這一點），而其他直線圖形則逐個投射為平面 Q 上的直線圖形。然而，從圖 21.6 可以明顯看出，圓 K 的中心 I 的投影點 M，絕不可能再成為圓 K' 的中心，否則便有 OM // OA 或 OB，這顯然是荒謬的！

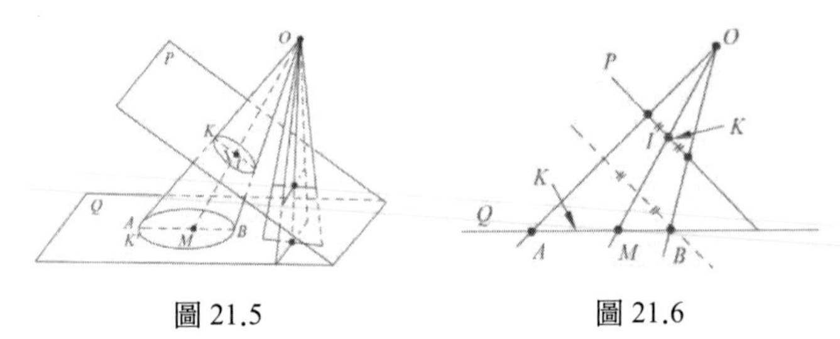

圖 21.5　　　　圖 21.6

以上結論顯示：如果在平面 P 上，單用直尺透過某種作法得到了某圓的圓心，那麼，用同樣的作法，在另一個平面 Q 上得到的，卻不是相應圓的圓心。因而，這樣的作圖方法，其本身是毫無意義的！

現在讀者大概已經相信，在尺規作圖中，雖然直尺是多餘的，但圓規卻不能隨意去掉。因此單用直尺作圖，有時需要很高的智慧。

以下兩道直尺作圖問題，留給讀者自行練習。要說明的是，我們限制只用直尺，並非要求嚴苛，而是透過限制工具來磨練各自的思維！

趣題 1：給出一個正六邊形，試用直尺作出其邊長的 $\frac{1}{2}$、$\frac{1}{3}$、$\frac{1}{4}$、$\frac{1}{5}$ 等線段。

趣題 2：已知 AB 為圓的直徑，C 為圓內一點，試用直尺作過 C 點而垂直於 AB 的直線。

讀者可不要小看這些問題，它們可能要你動不少腦筋呢！

圖 21.7 給出了這兩道問題的答案，供讀者細細研究。

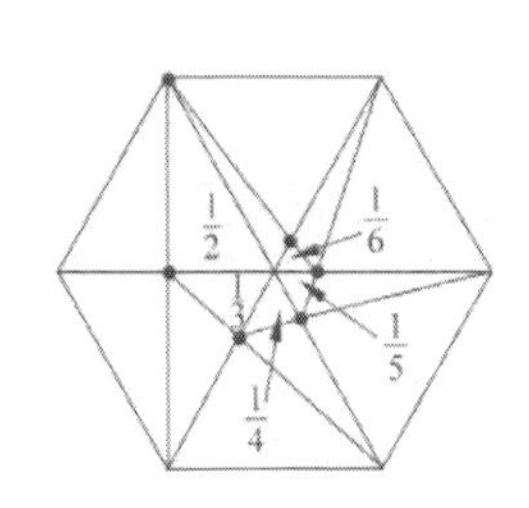

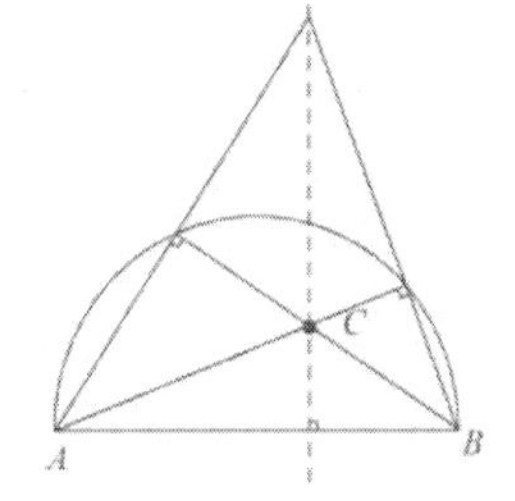

圖 21.7

二十二、

分割圖形的數學

阿凡提是新疆維吾爾族民間的傳奇人物，智慧的化身。有一個關於阿凡提巧取銀環的故事，在新疆幾乎家喻戶曉。

一天，財主對雇工說：「我有一串銀鏈，共有 7 個環。你幫我做一週的工，我每天付給你一個銀環，你願意嗎？」

雇工半信半疑。果然，財主接著又說：「不過，我有一個條件，這串銀鏈是一環扣著一環的，你最多只能斷開其中的一個環。如果你無法做到每天取走一個環，那麼你將得不到這一週的工錢！」

雇工答應試試，但他立即發現事情有點困難，於是連忙去找阿凡提替他出主意。果然阿凡提想出了一個巧妙的方法，讓財主眼睜睜地看著雇工把一個個銀環取走。貪心的財主最終自食其果，搬起石頭砸了自己的腳！

其實，財主的這道題並不難，無須藉助阿凡提的超人智慧，就算是各位讀者也完全能夠想到以下的方法。即把這串銀鏈的第三個環斷開，使它分離成 3 個部分，這 3 個部分的環數分別是 1，2，4，如圖 22.1 所示。

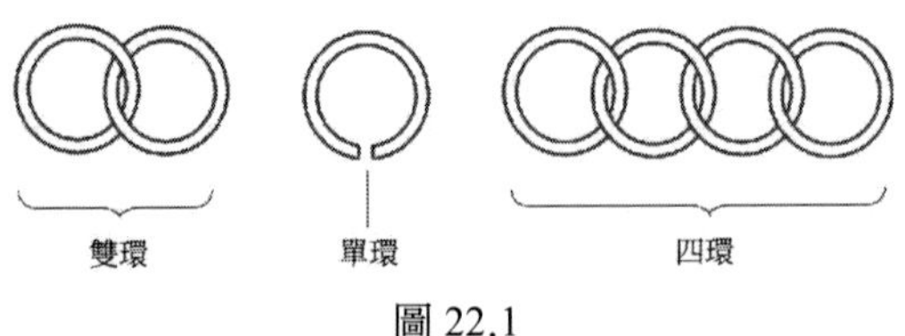

圖 22.1

這樣，雇工第一天可以取走單環，第二天退回單環而取走雙環，第三天再取走一個單環，第四天退回單環和雙環而取走一串四環，第五天再取走一個單環，第六天退回單環而取走雙環，第七天再取走單環。至此，銀鏈上的 7 個環都已到了雇工手上。

類似上述故事中的問題，也出現在美國數學遊戲專家馬丁．葛登能（Martin Gardner，1914～2010）的《啊哈！靈機一動》一書中，只是把「巧取銀環」改成「巧斷金鏈」罷了！

對上述問題更為深刻的思考是，在允許割斷 m 個環的條件下，最多能處理多長的鏈條（環數為 n），才能做到在 n 天中，每天恰能取走一個環作為報酬？

為了找出 m 與 n 之間的關係，我們先考慮斷開兩個環，即 m ＝ 2 的情形。顯然，此時環鏈斷成了 5 個部分，其中有兩部分是單環，可以支付前兩天的工錢。為了付第三天的工錢，必須用一串三環去換回兩個單環。以上三部分環可夠支付前 5 天的工錢，因此第 4 部分應當是六環，同理推出第 5 部分應當是 12 環。即這 5 個部分的環數分別是 1，1，3，6，12，如圖 22.2 所示。

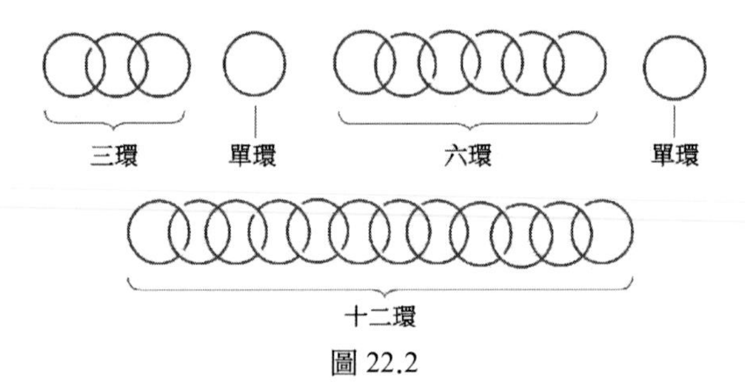

圖 22.2

由此得：當 m = 2 時，n = 1 + 1 + 3 + 6 + 12 = 23。類似地，當 m = 3 時，可求得環鏈割斷成 7 部分的環數如下：

1，1，1，4，8，16，32

從而 $n = 3 + 4（2^4 - 1）= 4 \cdot 2^4 - 1 = 63$

同理，當允許環鏈割斷 m 個環時，環鏈被斷成的 2m + 1 個部分的環數應為

$$\underbrace{1,1,\cdots,1}_{m個1},m+1,2(m+1),\cdots,2^m(m+1)$$

於是

$$n = m（m + 1）（2^{m+1} - 1）$$
$$= m（m + 1）2^{m+1} - 1$$

這便是斷鏈問題的一般性解答。

現在我們再看看有關平面剖分的例子，它無疑要比上面的問題複雜的多。1751 年，尤拉曾提出一道有趣的問題：一個平面凸 n 邊形，存在多少種用對角線剖分成三角形的方法？對此，尤拉本人求出了從 D_3 開始的前 7 個剖分數：

1，2，5，14，42，132，429

圖 22.3 畫出了 $D_6 = 14$ 的各種剖分情形。

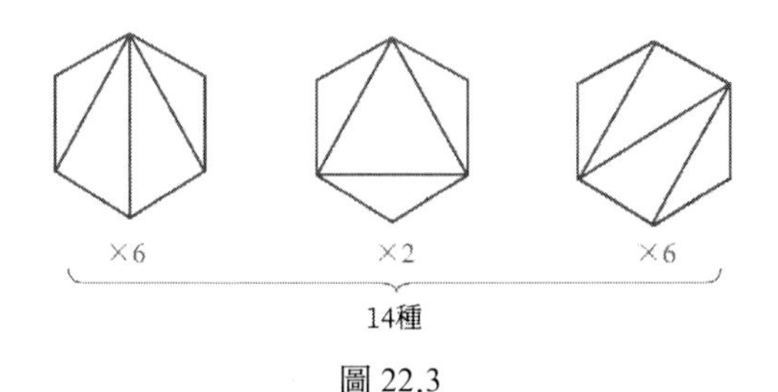

圖 22.3

1758 年，數學家西格納找到了 Dn 的一種遞推公式（式中假設 $D_2 = 1$）：

$$U_n = D_2D_{n-1} + D_3D_{n-2} + D_4D_{n-3} + \cdots + D_{n-1}D_2$$

利用西格納的公式，可以一步一步地依次算出各 D_n（n = 3，4，5，……）的值，只是當 n 很大時，計算有點困難罷了！

20 世紀初，數學家烏爾班在計算了

$$\frac{D_3}{D_2}=1, \quad \frac{D_4}{D_2}=2, \quad \frac{D_5}{D_4}=\frac{5}{2}, \quad \frac{D_6}{D_5}=\frac{14}{5}, \cdots$$

之後，驚奇地發現，對他計算過的所有數都有

$$\frac{D_{n+1}}{D_n}=\frac{4n-6}{n}$$

他猜測這應該是一條真理！後來烏爾班果真用一個非常巧妙的方法證實了它。烏爾班的方法說來也不難，關鍵在於構造了一個函數 g（x）：

$$g(x) = D_2x^2 + D_3x^3 + D_4x^4 + \cdots + D_nx^n + \cdots$$

並由西格納的關係式，推知 g（x）滿足二次方程式

$$W^2 - XW + X^3 = 0$$

從而求得

$$g(x)=\left(\frac{x}{2}\right)(1-\sqrt{1-4x})$$

上式展開後比較得到

$$D_n = \frac{2 \cdot 6 \cdot 10 \cdot \cdots \cdot (4n-10)}{1 \cdot 2 \cdot 3 \cdot \cdots \cdot (n-1)}$$

由此證得

$$\frac{D_{n+1}}{D_n} = \frac{4n-6}{n}$$

用烏爾班的這個公式計算 D_n，就連小學生也能做到。倘若尤拉在天之靈能夠對此有知，想必也會嘆為觀止！

對於空間的切割，論抽象程度，自屬有增無減。下面是一道很有意義的空間切割問題，刊於美國的《數學雙週刊》（1950.9～10），作者就是前面提過的馬丁 · 葛登能。問題是這樣的：

如圖 22.4 所示，把一個大立方體，切割成 64 塊相同的小立方體，用鋸子鋸開 9 次是容易做到的。不過，如果允許鋸前把鋸開的各塊重新排列的話，那麼只需 6 刀就夠了（怎麼達到這一點，本身就是一道很好的智力問題）。然而有一點是可以肯定的，進刀數不能再小於 6 了！這是容易說明的，位於中心部分的小立方體沒有現成的面，它的 6 個面都是過刀的，而顯然我們不可能一刀同時過兩個面，因此，總進刀數絕不應小於 6。

現在馬丁的問題是，把一個大立方體分切成 n^3 個相同的小立方體，最少要進刀幾次呢？

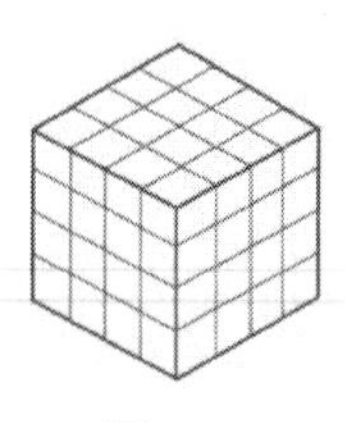

圖 22.4

看起來這個問題似乎很複雜，實際上它比平面的尤拉剖分問題更簡單。事實上，為求最少的進刀數，對橫截立方體的每條稜，鋸開兩部分的單位寬度的數量要盡可能地接近對半，然後把鋸開的兩部分疊合，重複上面的過程，直至鋸成各部分都是單位寬度為止。

對 3 條稜都做類似的處理，就會知道，一般分切 n^3 個立方體所需的最少進刀次數，等於由下式所確定 k 值的 3 倍：

$$2^k \geq n > 2^{k-1}$$

例如 $n = 4$，$k = 2$，$3k = 6$。這正是前面說過的結論！

關於圖形分割的理論五花八門。有時問題雖小，解答卻不容易；有時問題雖然貌似複雜，但一語道破，竟異常簡單。本節所舉的僅是其中幾個有趣的例子，作者的目的只是想讓讀者知道，在數學的百花園中，還有這麼一塊神奇的領地！

二十三、

遊戲中的逆向推理

有一道近乎遊戲的智力題，它曾使許多聰明人深感困惑。問題是這樣的：你的兩隻手各持繩子的一端，繩端不允許離開手，請問，你能否把繩子打出一個普通的結？如圖 23.1 所示。

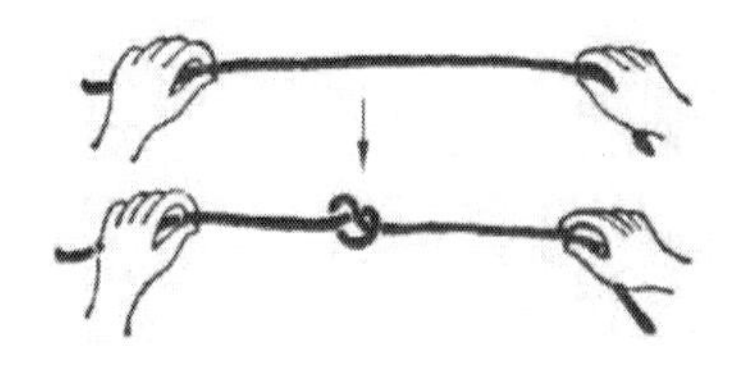

圖 23.1

回答是肯定的！不過許多人對此想不通，疑問重重：繩子與人體形成一個閉路，怎會無端端跑出一個結來呢？於是他們面對難題，束手無策。

那麼，問題究竟出在哪裡呢？原來，人們在思考時，總習慣從原因去尋找結果，而不習慣從結果去追尋原因。上述智力問題，如果從反向進行推理，其答案幾乎是一目了然的！

事實上，手只是連結身體與繩子的工具，身體相當於一條隱蔽的繩子，它透過手與看得見的繩子連成一個系統。既然開始時，看得見的繩子上並沒有結，而後來卻跑出一個結，說明這個結一定是從隱蔽的繩子上轉移出來的。可見，只要原先手和身體之間存在一個結，然後讓這個隱蔽的結公開化，變成看得見繩子上的結，那麼遊戲中出現的結果便是可能的。至於怎樣讓手交叉，使之與身體構成一個隱蔽的結，這已經不是很難的事了！圖 23.2 即為這個智力難題的解答。圖中公開的繩子上並沒有結，而人身體上的隱蔽結，則清晰可見！

圖 23.2

另一個智力遊戲源於古羅馬的一則故事。

古代有一位國王，他有一個漂亮的女兒，名叫約瑟芬。約瑟芬公主正值二八妙齡，且又才華出眾，美豔絕倫，引得無數年輕男子傾慕，求婚者更是絡繹不絕。不過，這位美貌公主當時已悄悄地愛上了一位英俊的年輕人喬治。

俗話說，好事多磨。約瑟芬的父親是一位具有花崗岩般腦袋的君主。他雖然很愛自己的女兒，但卻堅持要透過一種傳統的儀式，以確定女兒應該嫁給什麼人。

儀式是這樣的：先由公主在自己認為合適的求婚者中選出 10 人，然後讓 10 名求婚者圍著公主站成一圈。接著，由公主根據自己的意願，挑選任何一個人作為起點，並按順時針方向，逐個數到 17（公主的年齡），這第 17 個人必須退出求婚者的圈子，即被淘汰。然後，又接下去從 1 起再數到 17，這被數為第 17 的人又被淘汰，如此下去，直至只剩下一個人為止，這人就是公主的丈夫。

怎樣才能使最後留下的是心愛的喬治呢？約瑟芬為此苦苦思索著。她拿了 10 枚金幣圍成一圈，試了又試，終於想出了方法，如願以償了！

親愛的讀者，你知道約瑟芬是怎樣悟出其間的道理嗎？我想你一定已經猜到了！原來約瑟芬發現，無論從哪一枚金幣開始數，只要每次把第 17 塊金幣拿掉，那麼最後剩下來的一塊，就總是最初開始數的第 3 塊金幣。於是，在儀式中，她毅然選擇了喬治前的第 2 位作為起點，開始計數。

約瑟芬的問題也叫「計子問題」，曾被 16 世紀義大利著名的數學家塔爾塔利亞改頭換面，收於著作之中。在日本，這類問題稱為「繼子立」，意為若干財產繼承人圍立一圈，按順序淘汰一些人，而讓另一些人繼承財產。在歐洲，「計子問題」還以不同的面目出現於各種智力遊戲中，甚至還有相關的專著出版。不過，所有這類問題的解決，都基於反向推理。

反向推理的實質，是從結果出發，一步步往前追溯原因，因而常常成為一些對策遊戲的獲勝之道。

「搶一百」是民間流傳的兒童遊戲，玩法很簡單：兩人從 1 開始輪流報數，每人每次至少報一個數，至多報

5 個連續的數，最先報到 100 的人獲勝。這個遊戲先報數的人只要掌握契機必然獲勝！事實上，要搶到 100 就必須搶到 94，要搶到 94 就必須搶到 88，要搶到 88 就必須搶到 82……這一系列致勝點的第一個為 4，誰先報到 4，誰就能最後報到 100，所以第一個報數的人只要每次搶報致勝點，便能穩操勝券！

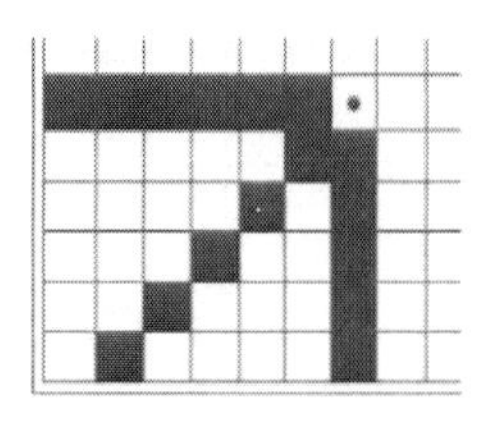

圖 23.3

另一種二人對策遊戲是在圍棋盤上進行的。先走的人可將一枚棋子放在棋盤的最上面一列或最右邊一行自己認為適當的格子裡。接下來，兩人輪流走動棋子，走動的方式只能向左、向下或向左下 3 種。如圖 23.3 中的黑子只能走入圖中的黑方格，走多少格沒有規定，但不能不走；誰先把棋子走到左下角便算誰勝。

上述遊戲雖然要比「搶一百」複雜許多，但獲勝之道是一樣的，用的都是逆向推理。圖 23.4 中用黑方格標出了所有的致勝點。只要遊戲中的一方一旦占領了某個致勝點，此後總有辦法次次占領致勝點，直至最後勝利。

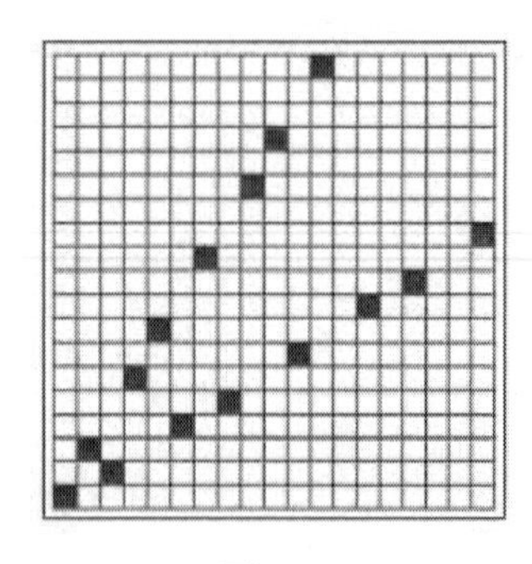

圖 23.4

至於這些黑方格是怎麼找到的，就留給讀者自己去探討了！

逆向推理是一種重要的思維方法，它用另一種方式溝通了原因和結果之間的關聯。讀者想必還記得〈十三、中國古代的魔術方塊〉說到的「六通」，但可能不知道構成「六通」的 6 根小木塊卻未必是唯一的！我們今天很難斷定當初魯班要他兒子組裝的「六通」是不是本書中的那種樣子。那是後人根據組裝後的「六通」模樣，採用一條條拆除的方法復原得到的。想來，當初魯班也是採用這種方法構造出「六通」的！

二十四、

想像與現實之間的紐帶

在人類無比豐富的想像中，孕育著無數的創造和發明。然而，新的創造意味著它已經超越了具體的經驗。在抽象的想像與具體的具象之間，無疑需要一種生動的連結。各種圖形便是這種想像與現實之間最常見的紐帶。

學生發明的「穿繩器」，在國際發明與新技術展覽會上曾引起觀眾的興趣，不少人為其奇妙構思而大加讚賞。

那麼穿繩器究竟是什麼東西呢？說來也簡單，就是為了晒衣服，讓繩子跨越高處的橫桿。其功能相當於在繩子的一端繫上一塊重物，然後用力把重物往橫桿高處扔，讓它帶著繩子越過橫桿。

這個想像中的過程，如果用圖來表示，大約會是這樣的（圖 24.1，圖中的方形表示有待發明的裝置）：當橫桿穿入方形裝置時，應有一個特製的視窗開啟，讓桿進入，進後即關閉；而當橫桿穿出方形裝置時，也應有一個特製的視窗開啟，讓桿穿出，出後即關閉。這時，繫在方形器上的繩子，顯然已實現跨越橫桿的目的。

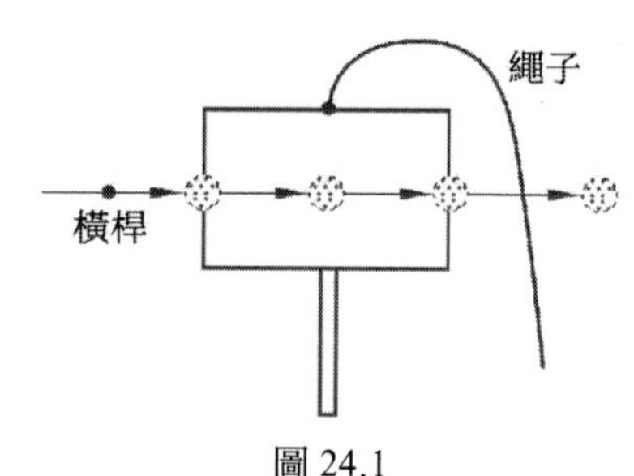

圖 24.1

14 歲的學生運用自己的聰明才智，在想像與現實之間拉起了一條紐帶，從而完成了這項發明。圖 24.2 所示即發明學生的穿繩器，讀者從圖中可以看出這個裝置的神奇功能。

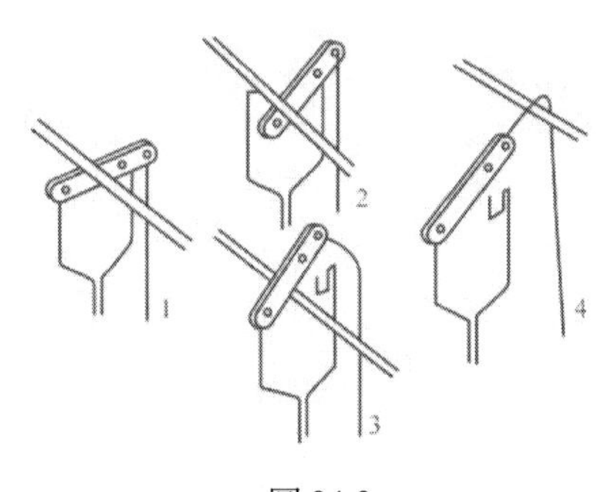

圖 24.2

穿繩器最終榮獲國際發明與新技術 I 類展品的銀牌，並由世界智慧財產權組織授予「最佳青年發明獎」。但願他們的聰明和智慧，能夠得以發光發熱。謹以本書充當階梯，獻給千千萬萬希望自己有所成功的小發明家！

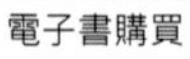
電子書購買

爽讀 APP

國家圖書館出版品預行編目資料

從抽象理論，看數學中的具象思維：柯尼斯堡問題、莫比烏斯帶、魔術方塊解法、逆向推理思維……24 個超具體的數學理論應用！ / 張遠南，張昶 著 . -- 第一版 . -- 臺北市：崧燁文化事業有限公司 , 2024.07
面；　公分
POD 版
ISBN 978-626-394-458-9(平裝)
1.CST: 數學
310　　　113008564

從抽象理論，看數學中的具象思維：柯尼斯堡問題、莫比烏斯帶、魔術方塊解法、逆向推理思維……24 個超具體的數學理論應用！

臉書

作　　者：張遠南，張昶
發 行 人：黃振庭
出 版 者：崧燁文化事業有限公司
發 行 者：崧燁文化事業有限公司
E-mail：sonbookservice@gmail.com
粉 絲 頁：https://www.facebook.com/sonbookss/
網　　址：https://sonbook.net/
地　　址：台北市中正區重慶南路一段 61 號 8 樓
8F., No.61, Sec. 1, Chongqing S. Rd., Zhongzheng Dist., Taipei City 100, Taiwan
電　　話：(02) 2370-3310　　　傳　　真：(02) 2388-1990
印　　刷：京峯數位服務有限公司
律師顧問：廣華律師事務所 張珮琦律師

定　　價：299 元
發行日期：2024 年 07 月第一版
◎本書以 POD 印製
Design Assets from Freepik.com